Über den Horizont

Zu diesem Buch

Wilhelm Fugmann reiste vor fünfzig Jahren als Export- und Importkaufmann nach Neuguinea aus. Er war bis 1972 in der lutherischen Mission und der inzwischen selbständigen Lutherischen Kirche des Landes tätig.
Wer in dieser Kirche mitarbeitet, beobachtete er, nimmt auf jeden Fall auch an der Verkündigung teil, ganz gleich, was im einzelnen seine Aufgabe ist. Die Christen des Landes reden von Gott in einer sehr bildhaften Sprache. Sie wurden seine Lehrer beim Weitersagen des Gotteswortes.
Jesus von Nazareth hat seine Gedanken in vielen Bildern und Gleichnissen an seine Hörer vermittelt. Bilder berühren tiefe Schichten der menschlichen Seele, prägen sich ein, bleiben unvergeßlich.
So erzählen diese Andachten von Begebenheiten und Erfahrungen aus einem langen Leben, zeichnen Bilder von Menschen und Dingen, und aus den Begegnungen heraus erwächst das Zeugnis, das weiterzugeben ist.
Wilhelm Fugmann blieb der Weltmission auch nach seiner Rückkehr aus Papua Neuguinea verbunden. Vielen Christen – und Nichtchristen – versuchte er, an seinem lebenslangen Lernen teilzugeben. In Vortrag, Predigt und Diskussion traf er mit vielen Gemeinden zusammen.
Über den Horizont – das ist Hoffen und Handeln, das Grenzen, Begrenzungen, Abgrenzungen überschreitet. Wir können Zeichen setzen, die weiter weisen. Dieses Buch will ein solches Zeichen sein: Über unseren Horizont hinaus.

Wilhelm Fugmann

Über den Horizont

52 Andachten
aus Mission, Ökumene, Ökologie
nach dem Kirchenjahr geordnet

Verlag der Ev.-Luth. Mission Erlangen

Der Verlag der Ev.-Luth. Mission bildet mit dem Freimund-Verlag Neuendettelsau und dem Evangelischen Missionsverlag Stuttgart die Verlagsgemeinschaft Weltmission

CIP Kurztitelaufnahme der Deutschen Bibliothek
Fugmann, Wilhelm: Über den Horizont
52 Andachten aus Mission, Ökumene, Ökologie/
Wilhelm Fugmann
Erlangen: Verlag der Ev.-Luth. Mission, 1982
ISBN 3 87214 154 6

Umschlag: Helmut Herzog
Gesamtherstellung: Freimund-Druckerei Neuendettelsau

Meiner lieben Frau
in Dankbarkeit

Wir armen Menschen müssen nun einmal in den fünf Sinnen leben und alles neben den Worten in Zeichen fassen, weil wir nichts ohne Bild verstehn noch denken können.

Martin Luther

Geleitwort

Hier nimmt ein Kaufmann das Wort. Er behandelt in 52 Andachten theologische, kirchliche, geistliche Fragen. Von seinem Sachverstand aus bringt er immer wieder eine Beleuchtung und Erklärung zu einem biblischen Text, die den Theologen überraschen mag. Aber es ist eine Überraschung, die zu neuer Erkenntnis führen kann. Denn hier treffen die Erfahrungen eines langen, bewegten Lebens zusammen mit der Erkenntnis, die im Hören auf Gottes Wort gewonnen wurde.
Wilhelm Fugmann hat vierzig Jahre seines Lebens im Ausland zugebracht, den größten Teil davon in Papua Neuguinea. Der Missionskaufmann hat nie die Verbindung mit der Gemeinde, ihrem Gottesdienst und ihrem Alltag verloren. Er hat auch immer seinen Dienst in unmittelbarer Beziehung zur Mission verstehen wollen. Auf einer Reise durch Neuguinea habe ich selber ihm dabei zusehen können. Das ist der Hintergrund dieser Andachten und Betrachtungen. Mit ihrer reichen Bezugnahme auf Erfahrungen, Begegnungen und Erlebnisse in Neuguinea, Afrika, Ostasien, Lateinamerika gewinnen sie eine eigenartige Anschaulichkeit. Sie sind ein Zeugnis für die immer häufiger zu machende Beobachtung, wie sehr die Kirchen in Europa heute auf die geistliche Erfahrung der Kirchen angewiesen sind, denen sie einmal zum Entstehen und zur Erkenntnis des Evangeliums haben helfen dürfen.

D. Hermann Dietzfelbinger D. D.
Landesbischof i. R.

INHALT

1.
Unser Herr kommt

Die Stunde ist da, vom Schlaf aufzustehen, denn unser Heil ist jetzt näher als zu der Zeit, da wir zum Glauben kamen. Die Nacht ist vorgerückt, der Tag aber nahe herbeigekommen. So laßt uns ablegen die Werke der Finsternis und anlegen die Waffen des Lichts. Laßt uns ein ordentliches Leben führen, das das Licht des Tages nicht scheuen muß, nicht mit Fressen und Saufen, nicht in Unzucht und Ausschweifung, nicht in Streit und Eifersucht, sondern zieht den Herrn Jesus Christus an und sorgt nicht so für euch, daß ihr den Begierden verfallt.

Römer 13, 11–14

Auf der kleinen Insel Sio, die dem Hauptland von Papua-Neuguinea vorgelagert ist, habe ich einen alten Lehrer namens Advent Stolz kennengelernt. Auf meine Frage, wie er denn zu diesem Namen gekommen sei, erzählte er mir, daß zu der Zeit, als er geboren wurde, der erste Missionar ihre Insel betreten habe; der hieß Stolz. Zur Erinnerung an die Ankunft von Stolz gab ihm sein Vater den Namen Stolz. – Später, als er getauft wurde, erhielt er den Taufnamen »Advent«.
Für das kleine Inselvolk der Sio bedeutete die Ankunft des Evangeliums eine Zeitenwende und den Bruch mit der Vergangenheit. Die Vergangenheit bedeutete für sie das, was der Apostel die »Werke der Finsternis« nennt. Bruch mit der Vergangenheit! Ist das nicht ein hochaktuelles Thema ange-

sichts der politischen, wirtschaftlichen und geistigen Situation unserer Zeit? Der Apostel zeichnet in kurzen Strichen seine Vorstellungen von einer zukunftsbezogenen christlichen Gemeinde. »Alles, was ihr tut, das tut im Wissen um die Zeit«, übersetzt Zink diese Stelle. »Legt alle dunklen Geschäfte ab. Tretet auf, wie man es bei Tage tut, und zieht den Herrn Christus an, so, wie wenn man sich in einen Mantel einhüllt.«

Wie ein solcher Neuanfang aussehen kann, zeigt folgender Bericht: Als nach der grauenhaften Verwüstung des Sattelbergs (diese Missionsstation war einst Ausgangspunkt einer großen Stammes-Hinwendung zum Evangelium) in Neuguinea durch japanische Maschinengewehre und amerikanische Bomber die Gemeinde eine neue Kirche einweihte, sagte der Bürgermeister Asang zu den versammelten Festgästen:

»Ihr seid von nah und fern gekommen. Ihr wißt, daß das Evangelium von hier ausging und hüben und drüben gehört wurde. Dann kam eine böse Zeit. Die Dunkelheit nahm überhand. Wir bekennen heute: Wir trauern nicht um Menschen, obwohl wir das auch könnten. Nein, unsere Trauer kreist um den Tod des inneren Lebens. Nicht der äußere Tod, der über diesen Berg hinwegfegte, ist es, der uns zusammengebracht hat, sondern der innere Tod. Dies ist die Bedeutung der Trauergesänge, die ihr gehört habt, und auch die der Trauerkleidung. Die Trauerkleidung aber soll nun verbrannt werden, und die Gemeinde soll wieder zu neuem Leben erwachen.«

Legt ab die Werke der Finsternis! Hüllt euch in Jesus Christus wie in einen Mantel! Die Vorausset-

zung dafür ist allerdings, daß man die eigenen Kleider, in denen man sich gerne zeigt, an der Garderobe Gottes abgibt. Hier liegt wohl der tiefste Sinn dessen, was der Apostel Paulus meint, wenn er sagt: »Ziehet an den Herrn Jesus Christus.« Uns fällt das nicht sehr leicht, denn wir glauben, daß wir uns mit der Abgabe der eigenen Gewänder entblößen müßten. Doch können wir die Sorge um ein neues Gewand ruhig Gott überlassen.
Unsere Sorge wird sich darauf zu beschränken haben, die eigenen Kleider abzulegen, denn nur dann können wir mit einem neuen Gewand bekleidet werden. »Christi Blut und Gerechtigkeit, das ist mein Schmuck und Ehrenkleid.« – »Hüllt euch in Jesus Christus ein, wie in einen Mantel, so daß man Ihn vor Augen hat, wenn man euch sieht.«
Ohne Bild ausgedrückt, geht es bei dieser Adventsbotschaft um die Ankündigung des Herrschaftsanspruches Gottes an die Welt, allen Gefährdungen und Zukunftsängsten zum Trotz. Das bedeutet aber, daß der Anspruch aller früheren Herren an uns erlischt, oder, wie es Gustav Heinemann kurz nach dem Zusammenbruch des Dritten Reiches einmal gesagt hat: »Eure Herren gehen. Unser Herr kommt. Amen. Ja, komm, Herr Jesus!«

2.
Gottes Volk

Ihr seid Gottes eigenes Volk, deshalb sollt ihr die großen Taten dessen verkündigen, der euch aus der Finsternis in sein wunderbares Licht berufen hat. Einst wart ihr ja nicht ein Volk, nun aber seid ihr Gottes Volk; einst wart ihr nicht in Gnaden, nun aber seid ihr in Gnaden. *1. Petrus 2, 9–10*

Ich habe einmal in einem kleinen Dorf an der einsamen Nordküste von Neuguinea mit einem klugen braunen Lehrer ein langes Gespräch über Sagen, Legenden und die Geschichte seines Volkes geführt. Einen Satz, den er prägte, habe ich mir damals notiert, denn er schien mir bezeichnend für das Denken vieler. Er lautet: »Die Geschichte meines Volkes beginnt mit dem Evangelium von Jesus Christus.« Was früher war, ist in Dunkel gehüllt. Jahre später wurde dasselbe, wenn auch in anderer Form, von einem anderen Lehrer wiederholt. Er sagte, nachdem das Land unabhängig geworden war: »Ja, unabhängig sind wir, unabhängig von Menschen. An Gott aber bleiben wir hängen.«

Was früher war, ist in Dunkel gehüllt. In Dunkel gehüllt war auch die kleine Bucht Waringai an der Nordküste Neuguineas. Wir waren tagelang unterwegs gewesen, und nun warteten wir auf die »Mula« (= Südwind), ein kleines Küstenschiff. Sie sollte getrocknete Kokoskerne und Rohkaffee abholen und mich wieder nach Hause bringen. Inzwischen war es Nacht geworden, und das Schiff kam nicht. Überall am Strand hatten die Leute kleine Feuer angezündet, denn die kühle Brise, die vom Meer her wehte, machte sie frösteln. Bananen und Süßkartoffeln wurden gebacken, Geschichten erzählt und Lieder gesungen. Gegen Mitternacht wurde es dann stiller; manche schliefen, und wieder andere sangen leise.

Ich muß wohl auch eingeschlafen sein, bis ich um vier Uhr morgens von einem Sturm, der ganz plötzlich losbrach, unsanft geweckt wurde. Mein erster Gedanke war: Das Schiff! Hoffentlich kommt es nicht ausgerechnet jetzt! Die gegen Süden hin offene Bucht gewährt keinen Schutz. Es könnte an den nahe gelegenen Felsen zerschellen. Da, gegen fünf Uhr, sah man draußen ab und zu ein Licht aufblitzen.

Als es dämmerte, konnten wir tatsächlich das Schifflein als einen kleinen, dunklen Punkt ausmachen. Manchmal war es zu sehen, manchmal verschwand es hinter hohen Wellenbergen. Beim Näherkommen sahen wir, daß das Deck völlig leer war. Niemand hätte sich halten können; er wäre von den Wellen über Bord gespült worden. Wir standen und winkten mit Armen und Fackeln: »Bleibt draußen, kommt nicht näher!« Würde der Kapitän uns verstehn? Würde er selbst die Gefahr erkennen? Dieses Schiff war das einzige Verbindungsglied zur Außenwelt für die Stämme entlang der Küste. Größere Schiffe würden hier nicht anlegen.

Es waren etwa 500 Menschen, die am Strand standen und denen die Bangigkeit von den Gesichtern abzulesen war. Irgend jemand stimmte ein Lied an, den Text habe ich vergessen. – Kyrie eleison – Herr,

erbarme dich! Der Gesang vermischte sich mit dem Brausen des Meeres. Ich will nun nicht sagen, daß der Sturm abebbte, aber die Spannung war gewichen. Kurz darauf sahen wir: Das Schiff drehte bei und dampfte auf die offene See hinaus.
Wir waren inzwischen eng zusammengerückt, so als ob das gemeinsame Erlebnis uns auch körperlich einander näher gebracht hätte. Der Kirchenvorsteher Aramba von Sivea tat plötzlich etwas, was ich nie mehr vergessen werde. Er zog sein Neues Testament heraus und las: »Einst wart ihr ja nicht ein Volk, nun aber seid ihr Gottes Volk. Einst wart ihr nicht in Gnaden, nun aber seid ihr in Gnaden.« Ich weiß nicht mehr, was Aramba damals alles gesagt hat; wohl aber weiß ich noch sehr genau, was mir damals fast körperlich bewußt wurde: Hier stehen nicht mehr die Kalasa und die Wandokai oder die Dedua und wie die kleinen Stämme alle heißen. Hier sind die Stammesgegensätze ausgelöscht. Hier steht Gottes Volk. Gemeinsam lobt es Gott. Für mich wurde dieses Erlebnis in seiner Spontaneität zu einem Wunder.
Inzwischen war die Sonne wie ein riesiger Feuerball aus der unendlichen Wasserwüste des Stillen Ozeans emporgestiegen. »Der euch aus der Finsternis in sein wunderbares Licht geführt hat« – das war doch die Situation hier! Niemand hatte sich früher um diese Stämme gekümmert. Sie waren nahe daran, sich selbst auszurotten. Nun waren sie vom Erbarmen Gottes getragen, waren keine Stiefkinder mehr.
So lebt dieses Volk, mit dem wir durch gemeinsame Erfahrungen besonders eng verbunden sind, wie

wir einzig vom Erbarmen Gottes. Er ist ihm in den letzten 90 Jahren besonders begegnet und kann auch die Wege in die Zukunft ebnen. Eine der herausragenden Erfahrungen der Weltmission ist die Sicht, die in die Weite führt. Die Geschichte Gottes mit den Menschen beschränkt sich nicht auf die einzelne Seele, sondern wendet sich den Stämmen und Völkern zu. So leben die Welt, die Völker, die Stämme und die Einzelnen inmitten seiner ganzen Schöpfung von seinem Erbarmen. »Er ist auf Erden kommen arm, daß er unser sich erbarm.« In dieses Erbarmen ist auch unsere Zukunft eingeschlossen.

3.
Das menschliche Antlitz

Und das Wort ward Fleisch und wohnte unter uns, und wir sahen seine Herrlichkeit, eine Herrlichkeit, als des eingeborenen Sohnes vom Vater, voller Gnade und Wahrheit. *Johannes 1, 14*

Wenn man die Weihnachtsgeschichte auf die einfachste Formel bringen wollte, dann könnte man etwas überspitzt sagen: »Wir haben einen Gott, den man anfassen kann.« Welche andere Religion oder Ideologie könnte von sich sagen: »Das, an was wir glauben, kann man mit Händen greifen?«

Die Götter der Vergangenheit strahlen Fremdheit, List und Furcht aus. Wehe den Sterblichen, die ihnen zu nahe kommen, sie vergehen in Heidenangst! Auch die Ideologien sind vergänglich. – »Gott ist offenbart im Fleisch« (1. Tim. 3, 16). Das heißt doch: Unser Gott hat ein menschliches Antlitz.

Ein menschliches Antlitz! Welch eine Ungeheuerlichkeit für Animisten, Heiden. Ein »überirdisches« Wesen sieht doch anders aus. Kennen wir sie nicht, die Holzmasken mit den Darstellungen der Geister und Ahnen, das undurchsichtige, sphinxhafte Lächeln Buddhas oder die fratzenhafte Darstellung des Gottes Wischnu in den Hindu-Tempeln? Wir waren vor einigen Jahren in der alten japanischen Königsstadt Kyoto mit ihren 900 Tempeln. Einmal gingen wir durch die Halle der 1000 Buddhas. In tausendfacher Form werden die Gemütsregungen Buddhas dargestellt. Jede Figur drückt eine andere

seelische Regung aus: Zorn, Haß, Unmut, Tugend, Verlorenheit, List.
Wie anders unser Gott! Er tritt aus seiner Verborgenheit heraus und kommt zu uns in der einfachsten, wehrlosesten und zugleich liebenswertesten menschlichen Gestalt, in der eines Kindes. »Was wir gehört haben, mit unseren Augen gesehen und unsere Hände betastet haben«, schreibt Johannes. So ist die Weihnachtsgeschichte eine handfeste Sache, die jedes Kind begreifen kann. Sie ist auf Gemeinschaft, Liebe und Vertrauen aufgebaut wie jede Geschichte, die mit Kindern zu tun hat.
Er, der Unsterbliche, pflegt Gemeinschaft mit den Sterblichen. Er hält sich nicht heraus aus unserer Geschichte, sondern offenbart sich uns. Eine alte Sage der Neuguineer erzählt, daß der Schöpfergott Wofung – der Herr – zwar Himmel und Erde geschaffen, aber dann sich schlafen gelegt habe. Nur manchmal, wenn er sich im Schlaf bewegt, hören sie ihn im Donner. Wie befreiend dagegen für uns: Wir haben keinen schlafenden Gott, sondern einen lebendigen, wachsamen Herrn, der Anteil nimmt an unserem Leben, oft mehr, als wir gewahr werden. Seine Zuwendung war auch in dem hinter uns liegenden Jahr sichtbar.
Weil wir wissen, daß unser Gott ein menschliches Antlitz trägt und uns trotz aller uns umgebenden Unmenschlichkeit begleitet, gehen wir getrost in das neue Jahr hinein. Die Vergangenheit mag oft belastet gewesen sein mit vielerlei Göttern, die uns im Bann der Furcht halten wollten. Die Zukunft aber gehört dem Gott, von dem der Apostel sagt: »Offenbart im Fleisch, gerechtfertigt im Geist, er-

schienen den Engeln, gepredigt den Heiden, geglaubt von der Welt, aufgenommen in die Herrlichkeit.« (1. Tim. 3, 16).

4.
Anbetung

»Hört! Furcht soll euch nicht schlagen. Ich habe eine Freudenbotschaft bei mir, deren Frucht und Inhalt allen Menschen gilt. Der Heiland Jesus Christus selbst wird heute im Dorfe Davids geboren.«
Die Engelbotschaft nach Lukas 2 in der Kotte-Bibel (Neuguinea)

Die beiden grundlegenden Botschaften des christlichen Glaubens für das Volk der Neuguineer waren:
1. Der große Wofung, den sie als »Herrn des Erdursprungs« kannten, ist nicht der ferne Gott, wie sie ihn sich vorstellten. Jener hatte einst die Erde und das Gewölbe des Himmels erschaffen, aber dann hatte er sie ihrem Schicksal überlassen. Nein, der Herr ist ein lebendiger Vater, der sich um das Schicksal seiner Kinder kümmert.
2. Zum Zeichen seiner Zuwendung sandte er seinen Sohn, den Herrn des Friedens, den »Allesgutmacher«, auf die Erde, um Licht zu bringen und Frieden zu stiften.

Diese Botschaft war überzeugend. »Welcher Häuptling würde seinen Sohn senden, wenn es ihm nicht um den Frieden ginge?« Sie, die im Finstern wandelten, verstanden diese für uns manchmal so unglaubliche Geschichte: Gott kündet durch ein Kind die Rettung der Menschheit an. Sie, deren Leben von magischen Vorstellungen und Todesfurcht bestimmt war, ergriffen dieses Angebot Gottes. »Der, der unsere Finsternis wenden kann, ist in einem

Dorf, das von Menschen bewohnt war, geboren worden. Er ist kein Geist, vor dem man sich fürchten muß, sondern ein leibhaftiger Mensch wie wir. Einstmals fürchteten wir uns selbst vor der Natur, vor Vogelruf und Leuchtkäfern und vor den verschiedenen Geräuschen des Urwaldes. Heute wissen wir, daß das alles Gottes gute Schöpfung ist. Einst waren die Nächte von Grauen, Furcht und Spannung beherrscht. Wir mußten Wächter aufstellen, um uns vor überraschenden feindlichen Angriffen zu sichern. Heute herrscht Friede in unseren Fluren.
Früher galten die Nächte als die Zeiten der Geister, vor denen man sich zu fürchten hatte. Heute glauben und wissen wir, daß die Nacht die uns von Gott geschenkte Zeit der Ruhe ist.
Früher beteten wir zu den Ahnen um Segen und Gedeihen der Früchte des Landes. Heute haben wir direkten Zugang zum Himmelsherrn durch seinen Sohn, unsern Herrn Jesus Christus.
Das sind gute Nachrichten. Warum habt Ihr sie uns nicht schon früher gebracht?«
Nach dem Verständnis der Neuguineer gehören die Schöpfung der Welt und die Geburt des Sohnes Gottes eng zusammen. Durch ihn hat Gott sich erst zu erkennen gegeben als der, der er von Anfang an war. Mit dem Eintritt Jesu wird für sie die Schöpfungsgeschichte erst wirksam. Er ist es, der eine neue Welt, Umkehr, Heil und Frieden bringt. Von diesem neuen Verständnis zeugt auch die nachfolgende Aufzeichnung einer Weihnachtsfeier, wie ich sie selbst einmal erlebte.
Christabend: Müde schlägt noch ab und zu eine

einsame Welle an den Strand. Es ist, als ob das Meer zur Ruhe gegangen wäre. Der Tag war brennend heiß, und die Quecksilbersäule zeigte 35 Grad im Schatten. Nun kommt der kühle Nachtwind und erfrischt die Menschen. Weit draußen, fast am Ende der Bucht, leuchten einige Fackeln auf. Mondüberglänzt ragen die Palmen in den wolkenlosen Nachthimmel hinein. Da, hört ihr es? Plötzlich ertönt vom Dorf herauf der dumpfe Ruf der großen Trommel. Drüben über der Bucht hört man nun die Antwort. Christabend! Auf der kleinen Anhöhe über dem Dorf versammeln sich die braunen Gestalten. Fast geheimnisvoll und sehr ruhig geht das vor sich. Einzelne Fackeln beleuchten die Szene.
»Numunang! Laßt uns beten!« Irgendeiner der Anwesenden stimmt dann den Lobgesang an:

O Freunde, er ist da, Jesus ist für uns da!
Unser Jesus ist da. Freunde, kommt mit zu ihm!
Freunde, kommt und laßt uns zu ihm gehen!

Der Gesang dröhnt in die stille Nacht hinaus. Man glaubt, man stehe nicht unter dem nächtlichen Tropenhimmel, sondern unter einer Glocke, die zu singen angefangen hat zum Lobpreis des Heilandes. Vor uns sind viele kleine Holzstöße errichtet. Nach dem ersten Lied folgt die erste Verheißung, und dabei wird ein kleines Feuer entzündet. So folgt Lied um Lied, Verheißung um Verheißung, bis zuletzt das große Licht, versinnbildlicht durch das große Feuer, die Menschen in einer dunklen Welt erhellt und entzündet. »Das Volk, das im Finstern wandelt, sieht ein großes Licht; und über denen, die da wohnen im finstern Lande, scheint es helle.«

Die unruhigen Irrlichter und Fackeln sind nun ausgelöscht. Gleichmäßig schlägt die Flamme gegen den Himmel und beleuchtet die Menschen. Da stehen sie nun und singen, selbstvergessen. Nichts lenkt sie ab. Ein kleines Kind weint. Wortlos nimmt es die Mutter aus dem Tragenetz und legt es an die Brust. Fast dünkt es uns wie eine symbolische Handlung.

»Das Wort ward Fleisch und wohnte unter uns, und wir sahen seine Herrlichkeit.« Joh. 1, 14

5.
Der Machtkampf

Denn es ist erschienen die rettende Gnade Gottes für alle Menschen. Sie will uns dazu erziehen, dem Leben ohne Gott und den weltlichen Begierden abzusagen und besonnen, gerecht und fromm in dieser Welt zu leben und dabei auf die Erfüllung der seligmachenden Hoffnungen warten, auf das Erscheinen des großen Gottes und unseres Heilandes Jesus Christus, der sich selbst für uns dahingegeben hat, um uns von aller Ungerechtigkeit zu erlösen und sich ein reines Volk als sein Eigentum zu schaffen, das bemüht ist, gute Werke zu tun. *Titus 2, 11–14*

»Wer ist erschienen?«, fragt Frau Meier. »Die rettende Gnade Gottes? Versteh ich nicht, da müssen Sie schon deutlicher werden!«

Eine ähnliche Äußerung über eine Bibelstelle erlebte ich kürzlich bei einer Freizeit. Man erschrickt offenbar über das unverständliche Gehäuse theologischer Aussagen, in dem wir »Kirchenleute« uns befinden.

Vielleicht sollten wir schlicht antworten: »Es ist der Herr Christus, den der Apostel hier meint.« Mit ihm leitet Gott sein Erziehungswerk an uns ein. Wir sollen dem Leben ohne Gott, das heißt dem gott-losen Leben, absagen. Was ist damit gemeint?

Wir reden oft von Gott, handeln aber so, als ob er nicht vorhanden wäre. Wir haben Lust, andere Menschen an uns zu binden, sei es durch Macht, Geld oder gar durch das, was wir »Liebe« nennen.

Auf vielerlei feine und grobe Art versuche ich, mich in den Mittelpunkt zu drängen. Oft ist jedes Mittel recht. Ich kann bescheiden, laut, liebenswürdig oder auch grob sein. Wichtig ist das Ziel. Wer nicht mitspielt, dem zahle ich es heim.
Auf diese »weltlichen Begierden« soll ich nun verzichten. Ich soll nicht mehr rücksichtslos nach vorne drängen und meinem Bruder die Sonne stehlen. Nicht mehr mein Wunsch, gefürchtet, verehrt oder geliebt zu werden, soll das Thema meines Lebens sein, sondern allein das Lob Gottes.
Mir ist noch in unvergeßlicher Erinnerung, was einer unserer Missionare einmal sagte: »Ich muß jetzt gehen; sonst fällt das Licht, das meinem Herrn gehört, auf mich.«
Indem mein Blick von mir weggeht, gewinne ich einen neuen Ausblick für die Sorgen meiner Umgebung. Der Apostel nennt es »besonnen, gerecht und fromm«. Ich gewinne auch einen neuen Blick für die Pläne Gottes und die Gesetze, die er in die Herzen aller Menschen gepflanzt hat. Wir wissen heute, daß es keine Religion gibt, in der Schuld, Sühne und Opfer nicht eine hervorragende Rolle spielten. Wie könnte Gott all das Unrecht, das die Menschen getan haben und täglich noch tun, um sich gegenseitig zu beherrschen oder seine Schöpfung zu mißbrauchen, einfach hinnehmen?
Die rettende Gnade ist keine billige Gnade, und ein Erziehungsprozeß ist immer mit Schmerzen verbunden. Wer umkehrt, muß von vorne anfangen. Dazu gehört, daß das Rechthaben-Wollen aufhört, weil einer erschienen ist, der meinem Bruder und auch mir zum Recht verhilft. Er tritt in mein Leben

ein und sagt: »Ich möchte dir einen Neuanfang ermöglichen. Du bist mir lieb, ich möchte dich in meine Familie aufnehmen.«
So überwältigt uns Gott durch seine rettende Gnade. Durch seinen Sohn, unseren Herrn Jesus Christus, schafft er uns einen gangbaren Ausweg aus all der Verirrung und Verwirrung, in die wir geraten sind. Eines allerdings kann er uns nicht ersparen: Die Entscheidung müssen wir selbst treffen. Gott will unser Freund sein. Für einen Freund aber muß man sich entscheiden.

6.
Das verschnürte Paket

»Herr Gott, du bist unsere Zuflucht für und für. Ehe denn die Berge wurden und die Erde und die Welt geschaffen wurden, bist du, Gott, von Ewigkeit zu Ewigkeit. – Lehre uns bedenken, daß wir sterben müssen.« *Aus Psalm 90*

Im Bergland Neuguineas leben die Komba, ein etwa 8000 Menschen zählender Volksstamm, deren »Vater« der über 4000 m hohe Berg Saruwaged ist. In Tausenden von Metern Höhe entspringt dort der Fluß Kwama und durchquert das Stammesgebiet auf seinem Weg zum Meer.

Akikepe, der »Apostel der Komba«, der über dreißig Jahre unter ihnen lebte, mit ihnen stritt, ihre Grobheiten ertrug und sie zur Versöhnung unter sich und mit Gott brachte, gilt auch heute noch in seiner Kirche als einer der großen Theologen und geisterfüllter Prediger seiner Generation.

An der Jahreswende 1955/56, schon als ein alter Mann, hielt er eine Predigt, die es wert ist, festgehalten und bedacht zu werden. Wir verdanken ihren Wortlaut seinem Freund und Mitarbeiter, dem verstorbenen Missionar Hans Wagner, der sie aufgeschrieben hat.

»Ein Jahr ist wieder dahingegangen. Es wird nicht wiederkommen. Unsere Lebenszeit ist mit dem Kwama vergleichbar. Hoch oben am Saruwaged erblickt er das Licht der Welt, klein und unscheinbar. Dann stürzt er vom Felsen herab, und sein Lauf wird immer schneller und seine Kraft stärker. Auf dem Weg stößt er an Steine und Felsbrocken. Doch nichts hält ihn auf. Unentwegt eilt er dem Meere zu. Wenn er sich mit seinen gelben, schmutzigen Fluten ins Meer ergossen hat, dann sieht man ihn noch eine kleine Weile als gelben Fleck in der Unendlichkeit des blauen Meeres, bis er vollends untergetaucht ist. So geht es auch mit uns. Im schnellen Lauf eilen wir dem Ende zu. Vielleicht spricht man von uns noch eine kleine Weile; dann aber sind wir vergessen, untergetaucht im Meer der Ewigkeit.

Ein Jahr ist wieder in den Schoß der Ewigkeit eingemündet, mit ihm auch ein Stück unseres Lebens, ob es nun gut oder böse war. Was wir verkehrt gemacht oder unterlassen haben, kann nicht mehr zurückgeholt werden, so wie unsere Flüsse und Bäche auch nicht mehr zurückkehren. Bei Gott aber ist es aufgeschrieben, denn bei ihm geht nichts verloren. Einst werden wir nach unseren Taten und Unterlassungen gerichtet.

Wir wissen nicht, was uns das neue Jahr bringen wird. Es kommt zu uns wie ein verschnürtes Paket, von dem wir nicht wissen, was es enthält: Freude oder Leid, Lust oder Schmerz, Leben oder Tod. Vielleicht von jedem etwas. Manch ein »Fluß« wird in die Ewigkeit einmünden. So ist unsere Zeit immer eingewickelt in die Zukunft – wie ein Paket, das noch nicht geöffnet ist.

Doch unser Herr Christus wird die Verpackung lösen und den Inhalt zuerst zu sehen bekommen. Das ist unsere große Hoffnung. In dieser Hoffnung ist unsere Rettung schon mit eingewickelt. Jetzt besitzen wir diese Hoffnung freilich nur in der Verpak-

kung unserer Zeit. Sie heißt Schmerz, Krankheit, Not, Leid, Furcht und Schuld. Darin sind wir traurig und sehnen uns nach Vollendung. Doch sind wir nicht wie die Unwissenden, die keine Hoffnung haben, denn unser Leben baut sich auf Christus, unseren Herrn. In seinem Namen beginnen wir das neue Jahr. Ihm gehört es, so wie ihm Zeit und Ewigkeit gehören, und daher gehört es auch uns.
Macht euch glaubend und hoffend auf den Weg ins Neue Jahr. Christus, unser »Wiedergutmacher«, hat die Sünden und Unterlassungen des alten Jahres auf sich genommen. Geht vorwärts in seiner Kraft und sprecht mit dem Apostel Paulus: »Denn ich bin gewiß, daß weder Tod noch Leben, weder Engel noch Fürstentümer noch Gewalten, weder Gegenwärtiges noch Zukünftiges, weder Hohes noch Tiefes noch keine andere Kreatur mag uns scheiden von der Liebe Gottes, die in Christo Jesu ist, unserm Herrn.« (Römer 8, 38–39)

7.
Die Zukunft hat schon begonnen

Was verborgen ist, ist des Herrn unseres Gottes; was aber offenbart ist, das gilt uns und unseren Kindern ewiglich. *5. Mose 29, 28*

Dieses Wort wurde vor rund 3000 Jahren niedergeschrieben. Was für den Schreiber Zukunft war, ist für uns Vergangenheit. Wohl nirgends wird das Zeitmaß Gottes deutlicher sichtbar als an einem solchen Vergleich. »Tausend Jahre sind vor dir, wie der Tag, der gestern vergangen ist, und wie eine Nachtwache.« (Psalm 90). In Ihm fließen Vergangenheit, Gegenwart und Zukunft zusammen zu einer Zeit, zu Gottes Zeit.

Inzwischen hat die Menschheit Völkerwanderungen, Kriege, Aufstieg und Niedergang gewaltiger Reiche, Blütezeiten und Abstieg großer Kulturen, ungeahnte Einblicke in die Geheimnisse der Natur, Kenntnisse über andere Himmelskörper, das Zusammenwachsen der Menschen zu einer Welt mit all den damit verbundenen Wehen erlebt. Wie ein Monumentalfilm rollen diese Entwicklungen vor unseren Augen ab.

»Was offenbar ist, das gilt uns«, heißt es in diesem Text. Wir können also die Offenbarungen Gottes nicht als unbeteiligte Zuschauer erfahren, sondern sind immer auch Betroffene. Ob wir nicht darauf das Wort des Apostels Paulus anwenden dürfen: »Gegeben von Gott zur Lehre, zur Strafe, zur Besserung, zur Züchtigung in der Gerechtigkeit, daß ein

Mensch Gottes sei vollkommen, zu allem guten Werk geschickt.« (2. Tim. 3, 16–17) In beiden Schriftstellen werden die geschichtlichen Abläufe mit unserem Leben in Zusammenhang gebracht.
Wenn wir glauben, daß kein Haar von unserem Haupt fällt ohne Gottes Willen, dann können wir nicht so tun, als hätten diese Ereignisse und Entwicklungen nichts mit uns zu tun.
Die Schrift sagt: »Was hier geschieht, geht euch an. Ihr könnt euch nicht absetzen, denn ihr seid ein Teil dieser Geschichte.«
Unser begrenzter Zeitbegriff verführt uns immer wieder dazu, von uns auszugehen. Wir sagen uns gerne vor: Die Geschichte meines Lebens beginnt mit mir; was hat die Vergangenheit mit mir zu tun? Sie ist ein riesiger, unbewältigter Berg, den ich doch nie erzwinge. Naheliegend ist es daher für mich, von vorne anzufangen und das, was dahinter liegt, zu verdrängen.
Wer kann schon so geschichtsbewußt leben, daß er die Lehren der Weltgeschichte in sein eigenes kleines Leben einbaut? Sicher niemand! Gott erwartet das auch nicht von uns. Was er aber erwarten kann, ist, daß ich meine eigenen Erfahrungen mit ihm nicht verdränge: seine Strafen, Heimsuchungen, Bewahrungen und Segensweise. Eine große Hilfe kann mir dabei das Alte Testament sein. Oder kann nicht die Geschichte meines eigenen Volkes, meiner Kirche, meiner Stadt, meiner Familie Hinweise geben, wie Gott alle Zeit seine bewahrende und züchtigende Hand über uns hält?
Anscheinend aber sind wir so der Gegenwart verhaftet, daß Gottes Handeln immer wieder in Ver-

gessenheit gerät. Wohin das führen kann, zeigt uns die Religionsgeschichte. Es ist eine erwiesene Tatsache, daß noch nie ein Volk auf Erden gefunden wurde, das nicht ein Wissen vom Schöpfergott hatte. Doch immer wieder wurde er verdrängt von den Tagesgöttern und den Tagesthemen.
In einer alten Sage aus Neuguinea steht das schöne Wort: »Wenn der große Herr des Erdursprungs uns sein Antlitz zuwendet, dann leben wir. Kehrt er uns den Rücken, dann vergehen wir.« Ähnliche Gedanken finden wir in den Bantu-Religionen in Afrika. Und trotz alledem bevölkerten die Menschen ihre Vorstellungswelt mit Geistern und Göttern. Wir modernen Europäer stehen ihnen nicht nach, nur haben unsere Götter andere Namen.
»Was offenbart ist, das gilt uns und unseren Kindern.« Gott hat uns in diese unsere Zeit hineingestellt, nicht daß wir in den Tag hineinleben, sondern uns Gedanken machen, woher wir kommen und wohin die Reise geht. Von allen Geschöpfen sind wir die einzigen, die ausgestattet sind mit Sprache, Vernunft und Zeitbewußtsein. Damit sind wir zu Gesprächspartnern Gottes emporgehoben worden, geschaffen nach seinem Bilde. Wir müssen nicht in den Tag hineinleben, sondern dürfen ihn gestalten in der uns von Gott verliehenen Freiheit. Ein Neuguinea-Christ drückt es so aus: Wir sind Günstlinge Gottes!
Der eigentliche Bruch mit der belasteten Vergangenheit und Durchbruch zur Freiheit kam mit dem Einbruch Gottes in unsere Welt. Martin Luther besingt dies mit den Worten »Er ist auf Erden kommen arm, daß er unser sich erbarm«, und der Galater-

brief beschreibt es mit den Worten: »Als aber die Zeit erfüllet war, sandte Gott seinen Sohn, geboren von einer Frau und unter das Gesetz getan, damit er die, die unter dem Gesetz standen, erlöste.« Besser konnte die Zuneigung Gottes nicht gezeigt werden. Damit beginnt unsere Zukunft, eine Zukunft, die nicht mehr verborgen ist, wie sie es für den Schreiber im Alten Bund noch sein mußte. Diese neue Zukunft hat die Vergangenheit verschlungen. Sie überstrahlt auch die Gegenwart. Mit der Ankunft unseres Bruders Jesus gewinnt die Geschichte Gottes mit seinen Menschen an Durchsicht und Klarheit. Was vorher war, das hat Jean Paul einmal mit seinem Satz vom »verschleierten Auge jenseits der Zeit« treffend gekennzeichnet. Aus der bis dahin unbekannten Zukunft heraus tritt uns Gott in der Gestalt unseres Herrn Jesus Christus entgegen. In ihm ist auch die verborgene Zukunft aufbewahrt, denn er ist das Ende der Zeiten. Teilhard de Chardin faßt unsere neue Situation, neu durch die Ankunft des Herrn, in folgendem Satz zusammen: »Je mehr sich die Zukunft vor mir wie ein schwindelnder Abgrund öffnet, desto mehr kann ich darauf vertrauen, mich in Dich zu verlieren, wenn ich mich auf Dein Wort an sie heranwage.«

8.
Ich kenne dich mit Namen

Der Herr aber redete mit Mose von Angesicht zu Angesicht, wie ein Mann mit seinem Freunde redet. Und er sprach zu Mose: »Auch das, was du jetzt gesagt hast, will ich tun, denn du hast Gnade vor meinen Augen gefunden, und ich kenne dich mit Namen.« Und Mose sprach: »Laß mich deine Herrlichkeit sehen!« Und er sprach: »Ich will vor deinem Angesicht alle meine Güte vorübergehen lassen und will vor dir kundtun den Namen des Herrn: Wem ich gnädig bin, dem bin ich gnädig, und wessen ich mich erbarme, dessen erbarme ich mich.« Und er sprach weiter: »Mein Angesicht kannst du nicht sehen, denn kein Mensch wird leben, der mich sieht.« Und der Herr sprach weiter: »Siehe, es ist Raum bei mir, da sollst du auf dem Fels stehen. Wenn dann meine Herrlichkeit vorübergeht, will ich dich in die Felskluft stellen und meine Hand über dir halten, bis ich vorübergegangen bin. Dann will ich meine Hand von dir tun, und du darfst hinter mir hersehen, aber mein Angesicht kann man nicht sehen.«

Aus 2. Mose 33

Dieser Dialog beginnt mit einer Liebeserklärung: »Du hast Gnade vor meinen Augen gefunden!« Kann man mehr sagen zu einem Menschen, den man liebt, als: »Ich liebe dich, so wie du bist, und ohne Vorbehalte.«
Mir ist von meiner Neuguinea-Zeit her der Nebensatz besonders ins Auge gesprungen: »Ich kenne

dich mit Namen!« Wie oft mußte ich mir von Menschen sagen lassen: »Du hast meinen Namen vergessen? Bist du nicht mein Freund?« Es ist ein großes Geheimnis um das Wissen des Namens, besonders bei Naturvölkern. Manche von ihnen haben neben ihren Rufnamen auch noch geheime Namen, die vielleicht nur der Vater weiß. Aber selbst den Rufnamen nennen sie nicht gerne. Fragt man jemanden direkt, dann zögert er. Meistens stößt er einen Freund an, der für ihn den Namen über die Lippen bringt. In der vorchristlichen Zeit durfte der Name vor Fremden nicht genannt werden aus Furcht vor Zauberei. Erst wenn man Christ geworden war und einen neuen Namen angenommen hatte, wurde es anders. Dann wurde der neue Name zum Siegel der Freundschaft Gottes.

Genauso aber, wie es bei zwei Liebenden, die sich das erste Mal bei dem geliebten Namen gerufen haben, nicht dabei bleiben kann und die Geschichte weitergehen muß, so geht sie auch hier weiter. Ein Liebesverhältnis bedarf der Klärung. Gott, der Freund des Mose, muß ihm in aller Freundschaft sagen: »Lieben, ja, lieben laß ich mich von dir, aber nicht vereinnahmen. In Besitz nehmen könnt Ihr mich nicht. An menschlichen Maßstäben bin ich nicht zu messen. Meine Herrlichkeit könnt Ihr nur ahnen an den Spuren, die ich hinterlasse. Kein Mensch könnte meine Herrlichkeit und meine Heiligkeit ertragen.«

Der Apostel Paulus beschreibt das im Korintherbrief mit den Worten: »Wir sehen jetzt nur undeutlich, wie in einem trüben Spiegel, dann aber von Angesicht zu Angesicht.« (1. Kor. 13, 12).

Mose steht in einer Felskluft, umgeben von Felswänden. Ist das nicht eine ausweglose Situation? Umgeben von Ängsten und mit der Frage auf den Lippen: »Wie soll das weitergehen? Mein Gott, mein Gott, warum hast du mich verlassen?«
In unserer Felskluft der Verzweiflung stehend, merken wir oft nicht, daß Gott an uns vorübergeht und seine Hand über uns hält. Später dann, vielleicht viel später, wird es uns klar, daß diese Felskluft in Wirklichkeit eine Gottesbegegnung war.

9.
Nicht in eigener Sache unterwegs

Andacht bei der Verabschiedung eines Missionars-
ehepaares

Herr, du Gott Abrahams, meines Herrn, begegne mir heute und tue Barmherzigkeit an Abraham, meinem Herrn. *1. Mose 24, 12*

Es war kein alltäglicher Auftrag, den Elieser, der Knecht Abrahams, auszuführen hatte. Nur wer ein unbegrenztes Vertrauen zu seinem Auftraggeber hat, wie es im Falle von Elieser wohl gewesen sein muß, kann es wagen, auf eine solche Reise zu gehen. Elieser machte sich auf den Weg, um einen Menschen zu suchen. Vom Erfolg dieser Werbung hing das Bestehen der Familie seines Herrn ab.

Auch Ihr seid in einer ähnlichen Situation, berufen und bereit im Auftrag eines größeren Herrn, Menschen zu suchen und heimzuholen. Obwohl man nicht in eigener Sache unterwegs ist, gehört doch Mut dazu, an fremde Türen zu klopfen. Vom Verstand her hatte der Knecht Elieser Einwände gegen den Auftrag. Wer war er schon? Würde er ein solches Vertrauen rechtfertigen? Wie würde er sich in der Fremde und in der ungewohnten Umgebung bewähren? Nur das blinde Vertrauen in seinen Herrn gab ihm den Mut zum Wagnis. Noch hatte er die Worte Abrahams im Ohr, als dieser sagte: »Der Herr, der Gott des Himmels, der mich von meines Vaters Hause genommen hat und von meiner Heimat, der wird seinen Engel vor dir hersenden, daß du meinem Sohn eine Frau nehmest.« Damit schiebt Abraham alle Zweifel und alle Ängste beiseite: Wer glaubst du eigentlich, daß du bist? Du bist doch nur das Werkzeug! Du hast einen ganz anderen Rückhalt, und mit dem im Rücken, kannst du es wagen. Elieser hat damit eine klare und unmißverständliche Dienstanweisung bekommen. Er weiß nun: Ich gehe nicht in eigener Sache. Ich vollziehe nur einen Auftrag, der in Gottes Plan verankert ist.

Nicht in eigener Sache! Können wir das immer sagen? Wohl doch nur dann, wenn alles, was ich tue – und wie oft vergessen wir das – in unmittelbarer Beziehung zum Auftraggeber steht. So kann unsere Bitte nur die sein: »Herr, begegne mir heute! Laß mich nicht auf eigene Faust losziehen! Du begegnest mir zwar immer wieder, aber oft bin ich zu unachtsam, um es zu merken. Du begegnest mir in meiner Familie, in den Menschen, die mir anvertraut sind, im Beruf, unterwegs. Du begegnest mir in Stunden des Glücks und der Trauer. Du wirst mir in Zukunft begegnen in den Armen und Ratlosen, in Gefahr, in Behütung.«

Kaum aber hat Elieser die Bitte um eine Gottesbegegnung ausgesprochen, da formt sich schon das zweite Gebet auf seinen Lippen: »Und tue Barmherzigkeit an meinem Herrn.« Es ist, als ob dieses Wort uns sagen würde: Wie kannst du nur für dich alleine um eine Gottesbegegnung bitten! Du bist doch nicht allein, du stehst in einer Gemeinschaft. Nur indem du deinen Herrn mit in dein Gebet hineinnimmst, gewinnt es seinen letzten Sinn. Ich begegne dir täglich in deinem Ehegatten, deinen Kindern, Mitarbeitern, Freunden. Sie alle brauchen mich. »Tue Barmherzigkeit an meinem Herrn«, welch eine befreiende Bitte: Befreiung von mir selbst und Kraft für den aufgetragenen Dienst.

Wenn man in dieser Geschichte weiterliest, dann kommt man an eine Stelle, die eigentlich, obwohl als Bitte ausgesprochen, ein Dankgebet ist. Die Brautwerbung ist geglückt, die neuen Freunde wollen den Knecht Elieser aufhalten, um ein Fest zu feiern. Da antwortet er in Dankbarkeit und großer Dringlichkeit: »Haltet mich nicht auf, denn der Herr hat Gnade zu meiner Reise gegeben; laßt mich, daß ich zu meinem Herrn ziehe.«

Der Herr hat Gnade zu meiner Reise gegeben! Möge er Gnade geben auch zu der Reise, die euch nun bevorsteht. Wer wünscht sich nicht, daß er dies sagen kann am Ende einer Reise, am Ende eines Jahres, am Ende eines Lebens. Der Herr hat Gnade zu meiner Reise gegeben. Es ist dankerfülltes Eingeständnis, Rückblick und Ausblick zugleich. Es ist Wissen darum: Ich bin nicht in eigener Sache unterwegs gewesen und möchte es auch in Zukunft nicht sein. Darum haltet mich nicht auf!

10.
Er ist mitten unter uns

Als er aber von den Pharisäern gefragt wurde: Wann kommt das Reich Gottes? antwortete er ihnen: Das Reich Gottes kommt nicht mit erkennbaren Zeichen, man wird auch nicht sagen: Siehe hier ist es! Oder da ist es! Denn siehe, das Reich Gottes ist mitten unter euch. *Lukas 17, 20–21*

Der sehnliche Wunsch nach Freiheit hatte unter den Juden der damaligen Zeit einen Siedepunkt erreicht. Sie wollten frei sein vom Joch der Römer, um ein Gottesreich auf Erden aufzurichten. Man könnte sich einen Mann wie Menachem Begin sehr gut unter ihnen vorstellen mit der ungestümen Frage auf den Lippen: Wann jagst du endlich die Ausländer aus dem Land? Sind uns diese Töne nicht auch heute wohlvertraut? Damals erhielten die Juden die enttäuschende Antwort: Das Reich Gottes kommt nicht mit erkennbaren Zeichen; es ist mitten unter euch.

Ist unsere Frage nach dem Reich Gottes nicht der der Juden ähnlich? Eine Welt, in der Friede, Freiheit und Gerechtigkeit herrschen, ist für uns nur im Jenseits, im »Himmel«, vorstellbar. Vielleicht hilft uns die Geschichte, die mir ein Neuguineer erzählt hat, ein wenig weiter. Sein Namen ist Gedisa, und er war früher Kreisdekan des Jabim-Kirchen-Kreises in Papua-Neuguinea. Anfang 1978, bei einem Besuch in Neuguinea, saßen wir zusammen und tauschten Erinnerungen aus. Er erzählte viel aus

seinem Leben, und ich fragte ihn, wann er Gottes Nähe in besonderer Weise einmal erlebt hätte.
Da sagte er: »Ich war ein junger Lehrer im Dorf Guruko. Christen gab es in diesem Dorf noch keine. Tagsüber unterrichtete ich die Kinder, und am Abend saßen wir Erwachsenen zusammen auf dem Dorfplatz. Ich erzählte den Leuten biblische Geschichten, und wir lernten zusammen christliche Lieder.
Eines Tages kam eine Polizeitruppe ins Dorf, angeführt von einem jungen, weißen Beamten. Wir sangen gerade, und er fragte spöttisch: ›Was macht ihr denn da?‹ Ich antwortete: ›Ich erzählte biblische Geschichten, und wir singen zusammen.‹ Darauf er: ›Das ist doch alles nur Einbildung mit diesem Jesus. Er lebt doch nicht. Er ist tot.‹ Ich ließ mich nicht stören, sondern sagte nur zu ihm: ›Wenn du willst, dann komme heute Abend zu mir, und wir können uns darüber unterhalten.‹
Nach Einbruch der Nacht wartete ich, aber er kam nicht. So legte ich mich schlafen. Da, mitten in der Nacht, klopfte es an meine Türe. Ich rief: ›Herein!‹ Da es stockdunkle Nacht war, stieß mein Besucher sich an der Türfüllung und fluchte leise. Ich entschuldigte mich und zündete meine Stallaterne an. Da saßen wir nun. Es ging um die Frage: ›Lebt Jesus, oder ist er tot?‹
Ich kann nicht mehr alles erzählen, was wir gesprochen haben, aber ich weiß noch, daß mir der junge Mann von seiner Mutter erzählte und daß er getauft sei und die biblischen Geschichten kenne. Er beschloß seine Rede damit, daß er sagte: ›Ja, meine Mutter glaubte noch daran. Ich kann es nicht mehr.‹

Ich fragte leise: ›Warum?‹ Da brach es aus ihm heraus: ›Wie kann Jesus leben und all das Unrecht und den Jammer zulassen! Wir kamen heute Abend zurück von einer Strafexpedition. Im Bulolo-Tal gab es Mord und Totschlag. Dort erschlagen sich die Menschen gegenseitig, und ihr hier singt und betet zu diesem Gott.‹ Eine Weile herrschte Stille, dann antwortete ich ihm und sagte: ›Du hast recht; dort, wo Menschen sich hassen und morden, lebt er nicht; aber wo er angebetet wird, da ist er mitten unter uns.‹ – Wir redeten noch lange miteinander. Am Schluß betete ich mit meinem Besucher zusammen. Ich glaube, er hatte mich verstanden. Still verließ der junge Mann mein Zimmer. Ich aber wußte, Jesus war mitten unter uns gewesen.«

Wie kommt das Reich Gottes? Unmerklich, ohne Aufsehen. »Jesus war unter uns gewesen«, so faßt es mein Freund Gedisa zusammen. Da bereiten sich oft Dinge vor, die wir weder sehen noch ahnen können. Jesus beschreibt es an anderer Stelle mit dem stillen Wachstum der Saat. Wir ahnen selten, welche Wirkung zum Guten oder Bösen von unseren Worten oder unserer Haltung ausgeht. »Das Reich Gottes ist mitten unter euch«, sagt Jesus. Wie geht das zu?

Da kann es plötzlich passieren, daß uns das Lob Gottes wichtiger wird als unser Versuch, die Welt zu verbessern. Da tut eine Mutter, die ihrem Kind die Person Jesu nahe bringt, oft mehr für sein Reich, als der berühmteste Prediger. »Da lebe ich nun, doch nicht mehr ich, sondern Christus lebt in mir.« Indem ich eigene Begrenzungen akzeptiere, gewinne ich eine neue Hoffnung und viel Freiheit, mich für den Bau seines Reiches einzusetzen. Sein Reich kommt, wenn andere Reiche vergangen sind. Woher ich das weiß? Weil ich seinem Wort vertraue. Paulus faßt es zusammen in den Worten: »Nichts kann uns scheiden von der Liebe Gottes, die uns in Christus, unserem Herrn, erschienen ist.«

11.
Das geht uns an!

Darum sage ich euch: Sorgt nicht um euer Leben, was ihr essen und trinken werdet; auch nicht um euren Leib, was ihr anziehen werdet. Ist nicht das Leben mehr als die Speise und der Leib mehr als die Kleidung? Sehet die Vögel unter dem Himmel an: Sie säen nicht, sie ernten nicht, sie sammeln nicht in die Scheunen, und euer himmlischer Vater nährt sie doch. Seid ihr denn nicht viel mehr denn sie? Trachtet am ersten nach dem Reich Gottes und nach seiner Gerechtigkeit, so wird euch solches alles zufallen.

Aus Matthäus 6

Welch eine Utopie! Widerspricht diese Stelle aus der Bergpredigt nicht allen gängigen Erfahrungen unserer Zeit? Ist das vielleicht das Rezept für die Millionen von Hungernden in Afrika, Asien und Lateinamerika? Sind sie nicht gerade deswegen in Hungersnöte hineingeschlittert, weil sie sich zu wenig um den kommenden Tag gekümmert haben? In vielen Gesprächen über Entwicklungshilfe widerfuhr mir immer wieder, daß die Gesprächspartner innerhalb weniger Minuten von sich ablenkten, um sich die Köpfe darüber zu zerbrechen, was die Afrikaner oder Inder tun sollten, um den Hunger zu bekämpfen. Das war sicher gut gemeint, aber die Worte Jesu richten sich zuerst einmal an uns. Sie sind kein Patentrezept zur Verbesserung der Weltwirtschaft, sondern wollen uns nur zeigen, was Vorrang hat. Hier geht es um den Herrschaftsanspruch

Gottes. Ihm ist die Sorge um den Leib und darum, was wir essen und trinken sollen, unterzuordnen. Natürlich kann man einem hungernden Inder diese Worte aus der Bergpredigt nicht verkünden, ohne zugleich etwas zu tun, um seinen Hunger zu stillen. Er wird ohne die begleitende menschliche Hilfe dieses Wort aus unserem Munde nur für ein Geschwätz halten, oder er wird, wenn er noch die Kraft besitzt, antworten, wie einmal ein Neuguineer seinem Missionar in einem Brief geantwortet hat: »O mein Vater! Ich habe euch Weiße jahrelang beobachtet. Ihr habt nie Mangel gelitten. Wir aber sind arm, unwissend und blind. Bitte, wasche mir die Augen, daß ich den Weg finde, den Segen Gottes, der euch reich machte, zu finden.« So einfach ist das. Man muß nur ein guter Christ sein, vielleicht auch noch eine weiße Hautfarbe haben, dann kann Gott seinen Segen doch nicht versagen! Wird uns da nicht ein Spiegel vorgehalten? Wir könnten jetzt sogar in die Versuchung kommen, dem Inder noch einen guten Ratschlag zu geben. Etwa den Spruch: »Bet' und arbeit', so hilft Gott allzeit.« Nichts gegen diesen Spruch, aber er würde ihm wahrscheinlich in seiner Situation nicht viel nützen. Nein, lassen wir die andern vorerst beiseite. Es geht um uns, um den Herrschaftsanspruch Gottes an uns.
Trachtet am ersten nach dem Reiche Gottes! Dieser Herrschaftsanspruch aus dem Munde Jesu ist umfassender, als wir ihn in der Vergangenheit oft ausgelegt haben, umfassender und von einer Dimension, die über unser persönliches Heil hinausgeht. Er könnte bedeuten: »Das Reich Gottes, von dem ich spreche, ist nicht nur inwendig und für euch da.

Ich habe euch zu meinen Statthaltern über meine gute Erde eingesetzt, damit durch euch Gerechtigkeit geschehe. Schützt diese Erde vor Ausbeutung und Ungerechtigkeit.«
»Ich aber stifte einen Bund mit euch und mit euern Nachkommen, mit allen lebendigen Wesen um euch her, mit Vögeln, Vieh und allem Wild des Landes.« (1. Mose 9) – So weit geht sein Herrschaftsanspruch: die Nachkommen, alle lebendigen Wesen, ja die ganze Schöpfung!
Daß das Wort von der Weltdimension, die dem Schutze der guten Erde Gottes zukommt, keine Übertreibung ist, geht aus einem Brief hervor, der in einem der hintersten Täler Neuguineas geschrieben wurde. »Die Bewohner wurden angehalten, Kaffee zu bauen. Je mehr, desto besser, damit der Fortschritt Einzug halten kann. Immer mehr Wald wurde geschlagen. Die schweren Regenfälle in unserem Land schwemmten nun die fruchtbare Erde weg. Heute, nach zehn Jahren, beginnen die Felder weniger zu tragen. Die Gewehre vernichten das Wild. Die Axt macht das Roden leichter, und die Medizin der Europäer erhält Tausende von Kindern am Leben. Die Bevölkerung wächst, und die Tragfähigkeit des Bodens nimmt ab. Das ökologische Gleichgewicht ist dadurch in Unordnung gekommen.«
So hat dieses Trachten nach mehr Wirtschaftswachstum schon die letzten Bergtäler einer Südsee-Insel erreicht. Es wäre verkehrt, hier nur die Regierungen und weltlichen Gewalten zu beschuldigen. Auch die Kirchen haben Teil an dieser technokratischen Naturvorstellung. Charles Birch sagt

in seinem berühmten Vortrag vor der fünften Vollversammlung des ökumenischen Rates der Kirchen in Nairobi 1976, über Schöpfung, Technik und Überleben der Menschheit: »Diese Vorstellung sieht die Natur wie ein Uhrwerk. In dieser Sicht ist die nichtmenschliche Schöpfung nichts anderes als die Bühne, auf der sich das Schauspiel des menschlichen Lebens abspielt. Pflanzen und Blumen haben lediglich Nutzwert, sind Requisiten.«

Dieser menschlichen Maßlosigkeit gegenüber vernehmen wir die Antwort Gottes aus dem Wettersturm: »Wo warst du, als ich die Erde gründete? Weißt du, wer ihr das Maß gesetzt hat? Wer hat ihren Eckstein gelegt, als mich die Morgensterne miteinander lobten?« Nicht sollt ihr verfallen der Maßlosigkeit, sondern anschauen die Harmonie meiner Schöpfung. Zurückfinden sollt ihr zu dem Maß, das ich euch gesetzt habe. Maßhalten bedeutet nicht Nostalgie oder Rückschritt, sondern das Leben in Einklang bringen mit einem ökologisch fundierten Wachstum auf allen Ebenen menschlicher Zusammenarbeit.

»Wer mehr sammelt, als er braucht, dem wird es stinkend« (2. Mose 16). Dazu nur zwei Beispiele: Der Rindfleischverbrauch in den Vereinigten Staaten stieg vom Jahre 1960 bis 1976 von 38 Kilo auf 61 Kilo pro Kopf der Bevölkerung. Um diesen Bedarf zu decken, wurde in Lateinamerika Regenwald niedergeschlagen, um daraus Weideland zu machen. Inzwischen ist der Bestand an mittelamerikanischen Regenwäldern um 40% zurückgegangen.

Die Umsätze der deutschen Möbelindustrie haben sich innerhalb von zehn Jahren verdoppelt. Wer innerhalb seiner Lebensspanne mehrmals neue Möbel »verbraucht«, versündigt sich gegen den Herrschaftsanspruch Gottes. Er beteiligt sich am Ausverkauf der Natur.

Anders leben heißt, den Herrschaftsanspruch Gottes ernstnehmen. Vielleicht wird der Name Gottes dabei gar nicht im Mund geführt. Wer immer es aber versucht, ist dem Trachten nach dem Herrschaftsanspruch Gottes über seine Schöpfung näher, als jener, der den Namen des Herrn im Munde führt, dabei aber die alternative Lebensweise nur belächelt. Der Einwand, wir wären eingebunden in Zwänge, aus denen wir nicht ausbrechen können, ist unglaubwürdig. Wer etwa angesichts der Arbeitslosigkeit in der Welt – und nicht zuletzt im eigenen Land – nicht bereit ist, auf ein Prozent seines Einkommens zu verzichten, lebt zutiefst antichristlich. Immer noch gilt: Wer die Welt verändern will, muß bei sich selbst beginnen. In einem freiheitlichen Staat wie dem unsrigen, hindert ihn nichts und niemand daran. Menschen, die aus innerer Überzeugung aus den Konsumzwängen ausbrechen, um anders zu leben, sind auf einem guten Weg, den Herrschaftsanspruch Gottes an die Welt zu respektieren. Sie sind auf dem Heimweg, auch wenn sie den Namen Gottes nicht immer im Munde führen. Ihnen gilt das Wort Jesu: »Es werden nicht alle, die zu mir sagen ›Herr, Herr!‹ in das Himmelreich kommen, sondern die den Willen tun meines Vaters im Himmel.« (Matth. 7, 21)

12.
Bewahrungen

Die Not, die ich in Asien erlitten habe, liebe Brüder, will ich euch nicht verhehlen. So über alles Maß, so über meine Kräfte hatte ich zu tragen, daß ich mein Leben verloren gab. Ich hielt es für entschieden, daß ich nun zu sterben hätte, und das war gut so. Denn so verläßt man sich nicht mehr auf sich selbst, sondern allein auf Gott, der aus Toten Lebendige zu machen vermag. Er hat mich der Todesgefahr entrissen und wird es auch künftig tun. Ich verlasse mich auf ihn, daß er mich auch in künftigen Bedrängnissen retten wird. Auch ihr habt in eurem Gebet mitgewirkt, daß ich am Leben blieb. Denn so wollte es Gott, daß viele Menschen sich an ihn wenden und in vielen Gebeten mit mir zusammen und an meiner Stelle für die große Hilfe danken, die ich empfangen habe. *2. Korinther 1, 8–11, Zink*

Ein alter Freund hat mir einmal den Rat gegeben: »Wenn Du eine biblische Geschichte liest, dann frage dich immer zuerst: Komme auch ich drin vor? Bist du nach mehrmaligem Lesen überzeugt, daß du nicht drin vorkommst, dann überschlage sie ruhig.« Ich denke, die meisten Menschen, die diesen Abschnitt lesen, wissen, daß sie darin vorkommen. Für mich kann ich sagen, daß ich mindestens zweimal darin vorkomme. Ich weiß, daß ich in meinem Leben schon mehr als einmal knapp dem Tod entkommen bin. Ferner weiß ich, daß ich getragen und gehoben wurde von den Gebeten vieler Menschen, vor allem meiner Eltern. Der alte Davidi aus Ngasegalatu in Neuguinea behauptete mir gegenüber: »Menschen, die beten und für die gebetet wird, um die baut Gott einen Zaun.« So einfach war dies für ihn. Ich muß wohl etwas ungläubig geguckt haben ob solcher »naiven« Frömmigkeit.

Er fuhr dann fort: »Ich habe das selbst immer wieder erlebt. Missionar Zahn, dessen Station hier auf dem Platz stand, auf dem wir uns jetzt eben befinden, hatte einen alten, heidnischen Landbesitzer als Feind. Dieser Mann behauptete, das Land, das die Mission gekauft hatte, wäre nicht rechtmäßig erworben, und so ließ er seinen Groll an Zahn aus. Er beschloß sogar, ihn zu ermorden.

Zahn ging jeden Abend von hier nach dem Dorf, um mit den Leuten Abendandacht zu halten. Da er immer allein in der Dunkelheit nach Hause ging, war das die beste Gelegenheit, ihn meuchlings zu erschießen. Als Zahn eines Abends wieder einmal auf dem Heinweg war, lauerte der alte Mann ihm auf. Schon hatte er die Bogensehne gespannt, um den Pfeil abzuschießen. Da, was war das? Heute war Zahn gar nicht alleine! Rechts und links von ihm ging je ein weißgekleideter Mann. Schweigend schritten die drei Männer den Weg entlang. Das war für den Schützen zu gefährlich. Der Mann senkte Bogen und Pfeil und gab auf.

Mehrere Monate später kam es zu einer Einigung zwischen den Kontrahenten, und der alte Heide fragte Zahn, wer mit ihm damals, als er ihn ermorden wollte, nach Hause gegangen sei. Zahn wußte von niemandem. Seit Monaten hatte er keinen Besuch eines anderen weißen Mannes oder weißer

Männer mehr gehabt.« – »Denn er hat seinen Engeln befohlen über dir, daß sie dich behüten auf allen deinen Wegen.« (Psalm 91, 11).
Möge jeder für sich selbst darüber nachdenken, ob er nicht vielleicht in der Geschichte des Paulus auch vorkommt, vielleicht weniger augenscheinlich als in unserer Geschichte. Vielleicht sind es die Gebete einer Mutter, die eine Mauer um ihn bauten, eine Mauer, die er gar nicht bemerkte.

13.
Die große Versuchung

Da Jesus vierzig Tage und vierzig Nächte gefastet hatte, hungerte ihn. Und der Versucher trat zu ihm und sprach: »Bist du Gottes Sohn, so sprich, daß diese Steine Brot werden.« Und er antwortete und sprach: »Der Mensch lebt nicht vom Brot allein, sondern von einem jeglichen Wort, das durch den Mund Gottes geht.« *Matthäus 4, 2–4*

Vor vielen Jahren habe ich einmal einen alten Neuguineer gefragt: »Was würdest du als die sichtbarste Veränderung in eurem Leben bezeichnen, seit ihr das Evangelium angenommen habt?« Ohne Zögern antwortete er: »Die Befreiung von der Todesfurcht und der Zauberei und den Frieden, der seitdem in unseren Fluren eingekehrt ist.«
Das kann einer menschlichen Gemeinschaft schon zum Wunder werden, wenn so etwas geschieht. Es ist, wie wenn ein Mensch von einem jahrelangen seelischen Druck, sei es eine Schuld, oder auch eine Krankheit, befreit wird. Das aus dieser Erfahrung gewachsene Vertrauen zu den Missionaren als den Boten Gottes war im wahrsten Sinne des Wortes grenzenlos, oft rührend naiv, ja manchmal direkt peinlich. Es ist verständlich, daß Menschen mit solchen Erfahrungen vom Gott der Christen noch größere Wunder erwarten. Die mahnende Stimme der »Väter« wird dann meistens überhört. Wundergläubigkeit ist sowieso ein Lebenselement animistisch geprägter Religionen. Waren nicht die Mis-

sionare auch rein äußerlich von Gott gesegnet? Hatten sie nicht schöne Häuser? Wie aber wohnten die braunen Christen? In elenden Dreckhütten, oft nicht regensicher, unzugänglich, nur erreichbar auf kleinen Urwaldpfaden? Hatten die Weißen nicht »Brot die Fülle«, während sich die armen Bergbauern ihre Süßkartoffeln an steilen Berghängen anbauen mußten? War die Sehnsucht nach mehr Lebensqualität nicht verständlich? »Kann Gott nicht auch unser Los erleichtern? Ist er nicht der große ›Zauberer‹, der den Weißen Reichtum und Segen in Fülle vermittelt hat?«
Hier lag die Schwachstelle, die immer dann entstehen kann, wenn »Reiche« den »Armen« das Evangelium verkünden und wenn »Gottvertrauen« in Magie ausartet. »Gott muß mir helfen; ich habe Anspruch darauf!« Eine solche Schwachstelle glaubte der Versucher in unserer Geschichte von der Messiasprobe gefunden zu haben. Er tarnt sich mit der Maske des Glaubenden. »Ich glaube daran, daß du aus Steinen Brot machen kannst. Jetzt beweise mir deine Macht, indem du dir selbst hilfst. Warum sollst du noch länger hungern? Sei vernünftig und sorge für Brot!«
Wie der große Versucher unter völlig anderen Umständen und zu anderen Zeiten dieselben Mittel der Verführung benützt, das soll an einer Episode aus dem Leben einer kleinen Berggemeinde in Neuguinea verdeutlicht werden.
Pastor Quakung kam von einer Visitationsreise aus den Deduabergen zurück und berichtete: »Im Dorfe Ororako baten mich die Leute, ihnen das Heilige Abendmahl zu geben. Ehe ich den Gottesdienst

festsetzte, erkundigte ich mich ein wenig über das gemeindliche Leben. Plötzlich sagte ein alter, etwas einfältiger Mann: ›Und das Geld kommt auch bald, den Samen haben wir schon gesät!‹ Ich wurde hellhörig und bohrte etwas nach. ›Kann man den Geldsamen einmal zu Gesicht bekommen?‹ Die Leute wehrten ab, aber ich ließ nicht nach. So erfuhr ich denn auch die Geschichte. Sie erzählten: ›Der Lukas von Wemarum weihte uns in das Geheimnis ein, wie die Weißen zu Geld kommen. Sein Rezept haben wir auch befolgt, und nun erwarten wir die Frucht unserer Saat!‹ – ›Könnt ihr mir das Geheimnis auch verraten?‹ – ›Zuerst sammelten wir etwas Geld und legten es in irdene Töpfe. Darüber gossen wir Schweineblut, und dann wurden die Töpfe begraben. Über die Gräber pflanzten wir in Kreuzesform Blumen. Bei der Beerdigung beteten wir das Vaterunser und die drei Glaubensartikel. Und jetzt, so denken wir, sollst du uns noch das Heilige Abendmahl reichen, denn das hat ja eine besondere Kraft.‹

Aus der Abendmahlsfeier wurde nichts. Quakung ging zurück und berichtete den Vorfall den Ältesten der Gemeinde. Die Geschichte zog sich noch längere Zeit hin. Ich will hier nur den Schluß erzählen. Bei der abschließenden Gemeindeversammlung sagte der Vorsteher Honeo zu den Leuten: ›Ihr wolltet Geld säen und das Evangelium als Zauberformel gebrauchen, um reich zu werden. Geht nach Hause und lest im Galaterbrief nach (Gal. 6, 7), da steht auch etwas vom Säen: Irret euch nicht, Gott läßt sich nicht spotten, denn was der Mensch säet, das wird er ernten.‹«

Nur zu leicht sind wir geneigt, die »Dummheit« dieser Hinterwäldler ein wenig zu belächeln oder gar zu verdammen. In ihrem Streben, es den Europäern gleichzutun, sind sie den Versuchungen von falschen Propheten erlegen. Sind nicht auch wir schon den Einflüsterungen unseres eigenen Wohlverhaltens erlegen? Da wird ein großer Magier, den wir Gott nennen, beschworen, uns zu belohnen, nicht zu strafen und zu schonen. Ist dieser »Gott« immer der Vater unseres Herrn Jesus Christus oder der eigene Wunschgott? Es ist furchtbar schwer, dieser Versuchung nicht zu erliegen. Jesus gibt uns die Antwort, wenn er sagt: »Ich lebe nicht vom Brot allein. Meine Speise ist, daß ich tue den Willen dessen, der mich gesandt hat.« Nicht unser Wunsch, sondern Gottes Wille ist es, der uns die uns zustehende Qualität des Lebens schafft. Dies täglich neu zu bedenken, ist besonders in unserer Zeit, in der das »Brot für die Welt« knapper geworden ist, von entscheidender Bedeutung.

14.
Vergib uns unsere Schuld

Da wir nun durch den Glauben gerecht geworden sind, haben wir Frieden mit Gott durch unsern Herrn Jesus Christus. Gott erweist seine Liebe darin, daß Christus für uns gestorben ist, als wir noch Sünder waren. Um wieviel mehr werden wir durch ihn vor dem Zorngericht bewahrt werden, nachdem wir jetzt durch sein Blut gerecht geworden sind.

Römer 5, 1. 8–9

Der afrikanische Pastor Kimerei, ein Masai, wurde gefragt, ob die Afrikaner die biblische Botschaft verstünden. Als er bejahte, wurde er gebeten, dies an dem Wort Versöhnung deutlich zu machen. Er hatte folgendes dazu zu sagen: »Wenn bei uns ein Mord verübt wird, so ist der Mörder des Todes schuldig. Will er am Leben bleiben, dann muß er sich im Hause des Erschlagenen aufhalten. Niemand darf ihn dort anrühren. (4. Mose 35, 6) Die Ältesten der betroffenen Dörfer verpflichten die Angehörigen des Mörders, ein Rind zu schlachten. Auf dem Gottesdienstplatz, der Kultstätte des Stammes, wird Gott angefleht, seinen Zorn gegen den Schuldigen aufzuheben. Erst danach kann die Vergebung zwischen Menschen erfolgen. Das gemeinsame Mahl bringt dann zum Ausdruck, daß die Schuld auch zwischen den Menschen bereinigt ist. Als äußeres Zeichen der Liebe tauschen zwei junge Frauen ihre Säuglinge aus, und jede stillt den Säugling der anderen. Am Schluß tauschen die Häuptlinge ihre Kleider aus; damit ist die Schuld bereinigt.« Am Schluß sagte der Afrikaner zum Europäer: »Glauben sie nun, daß wir Afrikaner den Tausch, der durch Christus vollzogen wurde, verstehen?«

»Wer Blut vergießt, dessen Blut soll auch durch Menschen vergossen werden« (1. Mose 9, 6) – das war die Grundlage alttestamentlicher Rechtsauffassung. In fast gleicher Form finden wir sie bei vielen anderen Völkern. Die Blutrache ist die vorchristliche Gesetzesform der Wiedergutmachung. In der Vollstreckung der Todesstrafe hat sie sich bis in unsere Zeit hinein erhalten. In nichtchristlichen Kulturen, etwa im Animismus, war die Sühneformel »Seele um Seele«, schon deshalb notwendig, weil sonst, so die Meinung, die Seele des Ermordeten nicht zur Ruhe gekommen wäre und den Lebenden Schaden zugefügt hätte.

Der Grundsatz der Wiedergutmachung für zugefügten Schaden oder begangenes Unrecht ist bis in die feinsten Verästelungen im Recht der Völker verankert und bildet die Grundlage ihres Zusammenlebens. Zwischenmenschliche Vergehen kleinerer Art konnten durch Bezahlung in Ordnung gebracht werden. Anders dagegen war es, wenn Blut geflossen war. Damit waren Schuld und Sühne rein menschlicher Vereinbarung entzogen. Die Versöhnung mußte vor Gott oder vor den Göttern vollzogen werden. »Das Blut ist die Versöhnung, weil das Leben in ihm ist.« (3. Mose 17, 11) Das ganze Gefüge des alttestamentlichen Opferwesens baut darauf auf. In 3. Mose 16, 20–22 wird gefordert, daß Aaron beim jährlichen jüdischen Versöhnungsfest die

Sünden des Volkes einem Bock aufs Haupt legen soll, der dann in die Wüste hinausgejagt wird zum Zeichen der Wegnahme der Sünden. Pastor Kimerei sagt dazu: »Einmal im Jahr beim Versöhnungsfest meines Volkes wurden die Übertretungen dadurch ausgelöscht, daß man sie einem Bock übergab, der dann in die Serengeti hinausgejagt wurde.«

Anbruch einer neuen Zeit! – »Da die Zeit erfüllet war, sandte Gott seinen Sohn, geboren von einem Weibe und unter das Gesetz getan, auf daß er die, so unter dem Gesetz waren, erlöste.« (Gal. 4, 4–5) Damit waren plötzlich alle menschlichen Versuche, sich selbst zu reinigen und selbst zu lösen, überholt. Gott hatte eingegriffen und das ganze Netzwerk alttestamentlicher Vorschriften zerrissen. »Wieviel mehr wird das Blut Christi, der sich selbst ohne alle Fehl durch den ewigen Geist Gott geopfert hat, unser Gewissen reinigen von den toten Werken, zu dienen dem lebendigen Gott.« (Hebr. 9, 14)

Wiedergutmachung eines gestörten Verhältnisses zwischen Menschen, Sühne für begangene Schuld und Unrecht sind notwendig, denn darauf baut sich unser Zusammenleben auf. Versöhnung vor Gott aber kann nicht durch menschliche Sühne erreicht werden. Kein Mensch kann seine Sünden durch Buße – und sei es durch die Hingabe des Lebens – auslöschen. »Christus hat ein einziges Opfer dargebracht, sich selbst, um die Schuld der Menschen zu sühnen.« (Hebr. 10, 12)

Wie schwer es ist, auf menschliche Wiedergutmachung zu verzichten, erlebte ich bei einem Gespräch mit dem alten Häuptling Kudlip in Mt. Hagen in Neuguinea. Er sagte: »Als ich Christ wurde, habe ich auf die Sühnegabe für den Mord an meinem Bruder verzichtet. Darüber komme ich heute noch nicht hinweg.«

Es fällt nicht leicht, auf solche Fragen eine Antwort zu geben. Man denkt plötzlich an sich selbst und erinnert sich an erlittenes Unrecht. Immer noch ist man nicht damit fertig geworden. Frieden mit Gott aber ist nur zu finden, indem man immer wieder erneut bittet: »Vergib uns unsere Schuld, wie auch wir vergeben unsern Schuldigern.«

15.
Das Evangelium für die Reichen

Zachäus aber trat dar und sprach zu dem Herrn: »Siehe, Herr, die Hälfte meiner Güter gebe ich den Armen, und so ich jemand betrogen habe, gebe ich es vierfältig wieder.« Jesus aber sprach zu ihm: »Heute ist diesem Haus Heil widerfahren, sintemal er auch Abrahams Sohn ist. Denn des Menschen Sohn ist gekommen, zu suchen und selig zu machen, das verloren ist.« Lukas 19, 8–10

Wir kennen die Geschichte des Zachäus, den Einzug Jesu in Jerusalem, den Menschenandrang und den kleinen Mann auf dem Maulbeerbaum, von dem er heruntergeholt wird. Das alles ist nur der äußere Rahmen. Die Frage, die sich uns stellt, heißt: Ist Zachäus nur eine geschichtliche Persönlichkeit, über deren Bekehrung man sich unterhält, oder kommen wir in dieser Geschichte vor?
Vor Jahren hörte ich eine Predigt, die folgendermaßen begann: »Wenn Zachäus heute in eurer Stadt leben würde, müßte er auf einen Telefonmast steigen, denn Maulbeerbäume stehen nicht am Rande eurer Straßen.« Damit stellte der Prediger die Geschichte genau dorthin, wohin sie gehört, nämlich in unsere Zeit.
Ein Mann, dessen Lebensziel darin besteht, Geld anzuhäufen, wird plötzlich durch eine Begegnung angerührt. Er spürt, Reichtum anzusammeln, kann doch nicht der Sinn des Lebens sein. Vielleicht sind es in unserer Zeit oft mehr die Söhne als die Väter,

denen diese Gedanken kommen. Wie auch immer, Zachäus ist keine Einzelerscheinung. Er ist in uns und um uns, sowohl vor als auch nach der Begegnung mit Jesus.
Ausgerechnet diesen Geldschneider sucht sich der Herr aus. So scheint das Angebot des Evangeliums nicht nur für die Armen, sondern auch für die Reichen da zu sein. Auch sie brauchen Liebe. Doch haben sie es viel schwerer. Jesus spricht davon, daß es leichter ist für ein Kamel, durch ein Nadelöhr zu gehen, als für einen Reichen, ins Reich Gottes zu kommen. Die Geschichte des Zachäus ist kein Widerspruch, sondern eine Bestätigung der Rede Jesu vom Kamel und dem Reich Gottes. Sie sagt uns – und die Geschichte vom reichen Jüngling bestätigt es: Nicht der Reichtum an sich ist böse, sondern die Verhärtung des menschlichen Herzens, die er hervorruft.
Zachäus läßt sich überwältigen: »Die Hälfte meiner Güter gebe ich den Armen, und so ich jemand betrogen habe, das gebe ich vierfach wieder.« – Hier werden Maßstäbe gesetzt für unser Verhältnis zum Besitz angesichts der Armut und des nicht enden wollenden Elends unserer Zeit: »Gehe hin und tue desgleichen!«
Mit der Antwort Jesu »Heute ist diesem Hause Heil widerfahren« wird Zachäus und mit ihm sein Haus, seine Familie, ja, die ganze Gesellschaftsschicht der »Außenseiter« wieder in die Gemeinschaft des Volkes Gottes aufgenommen. Voraussetzung allerdings ist die tätige Reue, wie sie Zachäus gezeigt hat. Für die Umstehenden ist das alles unverständlich und ein Ärgernis. Aber war nicht Jesus auf dem

Weg nach Jerusalem, um der Welt das größte Ärgernis zu bereiten, den entehrenden Tod am Kreuz? Seine Liebe läßt sich nicht zähmen und verbürgerlichen. Er kehrt auch bei den »armen« Reichen ein. »Heute ist diesem Hause Heil widerfahren.« Angesichts der Erfahrungen der Weltmission im Umgang mit den sogenannten Jungen Kirchen kommt dieser Aussage Jesu noch eine besondere Bedeutung zu. Dem Zachäus wird nicht nur eine persönliche Vergebung zugesprochen, nein, sein ganzes Haus wird mit eingeschlossen. Wir europäischen Individualisten sind nur zu oft an der persönlichen Heilsgewißheit interessiert und vergessen zu leicht, daß wir eingebettet sind in die menschliche Gemeinschaft, in die uns Gott hineingestellt hat und für die wir verantwortlich sind. Die soziale Verankerung des Menschen, seine Verantwortung der Umwelt gegenüber, in der er lebt, seine Schuld, aber auch die Gnade, die ihm widerfährt, das alles nimmt den Weg über die Gemeinschaft, in der er lebt.
Zwei der bedeutendsten Missionare unseres Jahrhunderts haben diese Erkenntnisse im Umgang mit den ihnen anvertrauten Völkerstämmen neu lernen müssen. Der Dschagga-Missionar Bruno Gutmann schreibt: »Wir entdecken, daß wir selber die Grundwerte alter Kulturen – er spricht von ›Nächstenschaft‹ – neu buchstabieren müssen, wenn wir uns nicht im Abgrund menschlicher Beziehungslosigkeit verlieren wollen.« Und sein Kollege, der Papua-Missionar Christian Keyßer, spricht davon, welche Freude ihn durchströmt habe, als er aus der Bibel Neuen und Alten Testaments die Gewißheit erfuhr, daß Gott vor allem mit seinem Volk, seiner

Gemeinde, redete, handelte, ihr zürnte und ihr das Heil verkündete. In ähnlicher Weise redet, handelt und ringt Jesus mit seinem Volk, mit den Jüngern, den Juden und seiner Kirche.
Diese Erkenntnisse haben die beiden Pioniermissionare dazu geführt, neue Wege zu gehen, sich intensiv Gruppen und Gemeinschaften zuzuwenden, und Gott hat wahrlich seinen Segen nicht versagt. Wenn wir uns nicht verlieren wollen im »Abgrund menschlicher Beziehungslosigkeit«, dann müssen wir wieder damit beginnen, dem Wort Josuas nachzusinnen: »Ich aber und mein Haus wollen dem Herrn dienen!« (Josua 24, 15) und den Liedvers in die Tat umsetzen:

> Ich will mich der Gemeinschaft nicht
> der Heiligen entziehen;
> wenn meine Brüder Not anficht,
> so will ich sie nicht fliehen.
> Hab ich Gemeinschaft an dem Leid,
> so laß mich an der Herrlichkeit
> auch einst Gemeinschaft haben!

16.
Ihr seid das Salz der Erde

Ihr seid das Salz der Erde. Wenn nun das Salz dumm wird, womit soll man salzen? Es ist hinfort nichts mehr nütze, denn daß man es hinausschütte und lasse es die Leute zertreten. Matthäus 5, 13

Ohne Salz kann der Mensch nicht leben. Wer große und beschwerliche Fußmärsche macht oder in den Tropen der Sonne und damit starken Feuchtigkeitsverlusten ausgesetzt ist, kann davon ein Lied singen. Ohne genügend Salz im Körper kommt es zu Schwächeanfällen und starkem Leistungsabfall. Soldaten, die in tropischen Gegenden eingesetzt werden, müssen regelmäßig ihre Salztabletten schlucken.

Salz bewahrt aber auch die Speisen vor Verderben und Fäulnis und verleiht ihnen erst den rechten Geschmack. Es ist ein unscheinbares Mineral, nicht sehr hoch geachtet von den Menschen in unseren Regionen und doch lebensnotwendig.

Welche Bedeutung Salz für die Menschen haben kann, erfuhren auch die ersten Neuguinea-Missionare. Die in den Bergen wohnenden Papuas kannten Salz nur in Form von Asche, die sie durch Verbrennung bestimmter Bäume und Sträucher gewannen. Ein kümmerlicher Ersatz! Als die Feindseligkeiten zwischen den Küsten- und Bergstämmen aufhörten und die Bergleute das erste Mal an die Küste kamen und das Salzwasser kosten konnten, warfen sie sich in die Fluten und tranken aus vollen

Zügen. Salz kann seine Funktion nur erfüllen, wenn es »an den Mann« kommt. Liegt es auf einem Haufen, dann ist es nutzlos und manchmal sogar hinderlich.
Mit diesem Bild vom Salz und seiner Bedeutung vergleicht Jesus seine Nachfolger. Ein Anspruch, den wir in seiner umfassenden Bedeutung kaum zu fassen vermögen. Damit stellt sich uns die Frage: Wie müssen wir sein, um die Salzkraft, die uns zugewiesen wird, auszuüben? Erfordert das besondere Qualitäten? Wie so oft im Umgang mit dem Wort Gottes ist auch hier die Antwort Jesu nicht von weit herzuholen. Unmittelbar vor seiner Rede über das Salz stehen die Seligpreisungen. Sie sind für ihn der Maßstab des Christseins.

Selig sind die Armen, die ohnmächtig sind ohne Gott und alles von ihm erwarten, denn sie werden mit Gott herrschen.
Ich denke dabei an den Lepra-Kranken im Evangelium und an viele andere mit ihm, die am Ende sind mit ihrer Weisheit und zu Jesus sagen: »So du willst, Herr, kannst du mich heilen.« Ist ihr Glauben nicht wie die reinigende Kraft des Salzes?

Selig sind, die da Leid tragen, denn sie sollen getröstet werden.
Die leidende und verfolgte Mekane-Jesus-Kirche in Äthiopien ist in den letzten Jahren stark gewachsen. Ihr Präsident führt dieses Wachstum auf die Glaubensstärke ihrer Glieder zurück. Jesus, der das Leid selbst erfahren hat, tröstet und stärkt die Leidenden. Ihr Glaube wird zum Salz und zum Licht.

Selig sind die Sanftmütigen, denn sie werden das Erdreich besitzen.
Wer denkt hier nicht an Gandhi und seinen gewaltlosen Kampf um die Freiheit für sein Land! Indien wurde frei ohne Krieg.

Selig sind, die nach Gerechtigkeit hungern und dürsten, denn sie sollen satt werden.
Unter den vielen Kämpfern für Gerechtigkeit denken wir in der jüngeren Kirchengeschichte an Martin Luther King. Sein Kampf hat seinem Volk die öffentliche Anerkennung der kanadischen Bürgerschaft gebracht. Das Licht, das er entzündet hat, leuchtet.

Selig sind die Barmherzigen, denn sie werden Barmherzigkeit empfangen.
Ich denke dabei nicht an die christlichen Werke der Barmherzigkeit, sondern auch an die vielen, nur Gott bekannten Taten der Menschlichkeit unter allen Rassen, Glaubensrichtungen und Ideologien. Auch sie werden im Buch des Lebens aufgezeichnet sein.

Selig sind, die reinen Herzens sind, denn sie werden Gott schauen.
Wer kann von sich sagen, daß er reinen Herzens ist? Gilt nicht: »Vor dir ist kein Lebendiger gerecht?« (Psalm 143, 2)
Menschen ohne eitle Selbstbespiegelung sind sich ihrer Salz- und Leuchtkraft selten bewußt. Und doch, welch eine Kraft geht von ihnen aus! Sie überzeugen einfach durch das, was sie sind: Salz der

Erde. Ihnen wird das Höchste versprochen: Sie werden Gott schauen!

Selig sind die Friedensstifter, denn sie wirken in Gottes Auftrag.
Während der Adventszeit des Jahres 1976 fand in Papua-Neuguinea ein Frauentreffen statt. Unter den Hunderten von Frauen waren auch zwei, die aus zwei seit langem verfeindeten Stämmen kamen. Viel Blut war geflossen, und die Lage erschien aussichtslos. Eines Abends, während der Abendandacht, standen diese beiden Frauen auf und beteten um den Frieden. – Ihr seid das Salz der Erde!

Selig, die verfolgt werden, weil sie die Gerechtigkeit suchen, denn sie werden mit Gott herrschen.
Über den Pfarrer Paul Schneider, der im Jahre 1939 im Konzentrationslager starb, schrieb ein Mithäftling: »Die größte Anfechtung war für mich, dem Unrecht tatenlos gegenüberstehen zu müssen. Es gibt meines Wissens in Deutschland nur einen Menschen, der dieser Schuld nicht teilhaftig wurde. Das ist Pfarrer Paul Schneider, der sich in Wort und Tat auch gegen das Unrecht im Lager wandte und deswegen zu Tode gemartert wurde.«

Selig seid ihr, wenn man euch verleumdet und verfolgt und euch fälschlich alles Bösen anklagt, weil ihr meinem Werk dient.
Wir denken dabei an die vielen Märtyrer unseres Jahrhunderts: in West und Ost, in Afrika, Asien und Südamerika. Durch ihr Zeugnis und ihre Standhaftigkeit wurden sie zu Salz in ihrer Umgebung.

Ohne Salz kann der Mensch nicht leben. Ohne Christen, die bereit sind, Salz zu werden, könnte die Welt nicht bestehen. Sie stellen die stärkende, heilende und reinigende Kraft dar, die Gott seiner von ihm geliebten Welt verordnet hat. Ein Christentum aber, das sich zurückzieht hinter seine schützenden Mauern, ist wie Salz, das in einem Lagerhaus verwahrt wird. Nur, indem wir Salz werden für unsere Umgebung, erfüllen wir den Willen unseres Herrn.

17.
Das Wort vom Kreuz

Fürwahr, er trug unsere Krankheit und lud auf sich unsere Schmerzen. Wir aber hielten ihn für den, der von Gott geschlagen und gemartert wäre. Aber er ist um unserer Missetat willen verwundet und um unserer Sünde willen zerschlagen. Die Strafe liegt auf ihm, auf daß wir Frieden hätten, und durch seine Wunden sind wir geheilt. *Jesaja 53, 4–5*

Die Lehre vom stellvertretenden Leiden und Sterben Jesu erscheint für die menschliche Vernunft eine fast unerträgliche Zumutung, ein sinnloser Tod. Wir gehen von der Voraussetzung aus, daß jeder für sich verantwortlich ist und die Suppe, die er sich eingebrockt hat, auch selbst auslöffeln muß. Wenn das schon bei uns so ist, wieviel mehr müßten diese Gedanken vorherrschen bei einem Volk wie in Neuguinea, bei dem es nie Gnade für den Feind gab und dessen Leben seit Jahrtausenden vom Gesetz der Vergeltung beherrscht war! Es gab auch kein Wort für Dank, wohl aber für den Begriff Gegengabe. Alles muß bezahlt werden; nichts bekommt man umsonst. Doch das, was uns, den »Weisen und Klugen«, verborgen ist, das wurde vom Volk der Neuguineer rascher verstanden, als die Missionare je zu träumen gewagt hätten. Nachdem die Botschaft des Friedens erfaßt worden war, atmeten die Menschen, wie von einer schweren Last befreit, auf. Das treffendste Beispiel für die Zeitwende, die sich bei ihnen damit angebahnt hatte, finden

wir in einer Geschichte, die uns Christian Keyßer hinterlassen hat.
Der Lehrer Selembe hatte ständig Schwierigkeiten mit seiner Klasse. Abgesehen von dem Ärger, litt auch sein Ansehen in der Gemeinde darunter. Da faßte er einen Entschluß, der der alten Tradition, aus der er hervorgewachsen war, sicher nicht entsprungen ist. Nachdem er wieder einmal Grund hatte, sich über den Ungehorsam der Schüler zu ärgern, erklärte er der Klasse: »Ihr solltet euch schämen und hättet Strafe verdient. Da dies aber bei euch keine Wirkung hat, werde ich an eurer Stelle die Strafe auf mich nehmen.« Damit hielt er einen Stock hoch und rief: »Mit diesem Stock versetzt mir jetzt jedes Kind einen Hieb. Ich nehme damit die Strafe auf mich, die ihr verdient habt.« Die Kinder wehrten, ja fürchteten sich, aber Seleme blieb hart, bis er seine Hiebe hatte. Diese »Strafe« wurde am darauffolgenden Sonntag im Gottesdienst bekannt gemacht und machte einen tiefen Eindruck auf die versammelte Gemeinde. Der Missionar hatte damit zugleich das Thema für seine Sonntagspredigt.
»Die Strafe liegt auf ihm, auf daß wir Frieden hätten.« Die Gemeinde erfuhr so in sehr drastischer Weise, wie Gott handelt, der seinem eigenen Sohn die Strafe auflädt, damit wir Frieden hätten. Nicht mehr die alten Gesetze der Vergeltung sollten gültig sein. Der Herr, der von nun an ihr Leben in seine Hände genommen hatte, bürdete seinem Sohn die Schuld auf. Kein Wunder, daß der Häuptling Zake wenig später den Ausspruch tat: »Gott hat seinen Sohn zu uns gesandt. Wie kann ich meinen einzigen Sohn zurückhalten, wenn er als Evangelist in die

Fremde gehen will!« Sicher ist das ganze Geschehen von Golgatha damit noch nicht in seiner vollen Tiefe in die Herzen der Menschen eingedrungen, doch auf den Weg wurden sie damit gebracht.
Daß Blut nur durch Blut gesühnt werden kann, das verstanden die Leute wohl. Darauf beruhte ja das ganze System der Blutrache. Die Seele des Ermordeten schrie nach ihrer Auffassung danach und kam nicht eher zu Ruhe und Frieden, bis der Mord gesühnt war. Solches Blutvergießen aber schaffte nicht Frieden, sondern forderte noch mehr Blut. Was hier freilich geboten wurde, war ein ganz anderer, ein wirklicher Friede. Dieser Friede durchbrach den Kreislauf des Unfriedens und schloß nicht nur mit der friedlosen Vergangenheit ab, sondern gab Hoffnung für die Zukunft. Eine unfaßliche Befreiung für den, der sich diesem Friedensfürst unterstellt!
Damit aber kommen wir auf uns zurück. Wie bewältigen wir unsere Vergangenheit? Der Psychoanalytiker wird uns sagen: »Nehmen Sie sich selber an. Verdrängen Sie nichts!« Wie kann ich das, mich selbst annehmen, angesichts meiner Untreue, Rücksichtslosigkeit, Lüge, unreiner Gedanken, meines Hochmuts, meiner falschen Demut und geheuchelten Liebe? Wie habe ich mich als Gatte, Vater, Bruder, Bürger, Vorgesetzter oder Untergebener benommen? Das soll ausgelöscht sein, wenn ich mich selbst annehme? Nie und nimmer! Wie könnte ich damit meine Vergangenheit bewältigen! Ausgelöscht wird es nur, wenn ich bereit bin, es dem zu übergeben, der dafür am Kreuz bezahlt hat. »Gemacht vor Gott gerecht und gut« – das sind wir.

Damit kann ich aber auch die Zukunft Ihm überlassen. Aus ihr heraus tritt mir mein Herr Jesus Christus entgegen, und die Götzen der Vergangenheit verschwinden im Nebel eines aufgehenden Ostermorgens.
Zum Schluß noch einmal die Frage nach dem Verständnis dieser Botschaft. Die Erfahrungen aus der Weltmission beweisen, daß die Botschaft vom Kreuz in ihrer Klarheit und Einsichtigkeit von allen Menschen, die guten Willens sind, verstanden wird. Eine Einschränkung muß gemacht werden: »Das Wort vom Kreuz ist eine Torheit denen, die verloren werden; uns aber, die wir selig werden, ist's eine Kraft Gottes.«

18.
Der zerrissene Vorhang

Und es war schon um die sechste Stunde, da kam eine Finsternis über das ganze Land bis zur neunten Stunde, und die Sonne verlor ihren Schein, und der Vorhang des Tempels riß mitten entzwei. Und Jesus rief laut: »Vater, ich befehle meinen Geist in deine Hände!« Und als er das gesagt hatte, verschied er. Als aber der Hauptmann sah, was da geschah, pries er Gott und sagte: »Dieser ist wirklich ein gerechter Mensch gewesen.« *Lukas 23, 44–47*

Aus meinem Neuguinea-Tagebuch: Karfreitag 1957. Es ist jetzt drei Uhr nachmittags. Die Gemeinde hat sich versammelt, um die Karfreitagsbotschaft zu hören. Vierhundert Augenpaare blicken gespannt nach vorne. Vierhundert menschliche Gesichter, in denen ebenso wie anderswo in der Welt Angst und Not, Müdigkeit, Leidenschaft, Hochmut, Kleinglaube, Zweifel, Erwartungen, aber auch Glaube, Liebe und Demut ihre Spuren hinterlassen haben, sind nach dem kleinen Altar hin gerichtet. Ein Kirchenvorsteher erhebt sich und stimmt den Gesang an. Donnernd, wie die großen und schweren Tropfen eines Platzregens auf ein Blechdach fallen, stimmt die Gemeinde ein. Nun sind es nicht vierhundert Menschen – es ist die Stimme einer Gemeinde, die hier emporsteigt zum Lobpreis des Gekreuzigten.
»Wir sind erlöst aus Satans Hand, von Gott zu sich gezogen. All unsre Sünd, all unsre Schand, hat

Christ ans Kreuz getragen. Drum Freunde, liebt ihn sehr, er ist der Himmelherr. O Freunde, denkt daran, was er für uns getan.«
Fast abrupt endet der Gesang. Am Altar wird gebetet: »O Jesu, nun ist die Zeit deines Leidens wieder gekommen...« Fast kärglich kurz, kein Wort zuviel. Hier geht es um's Ganze. Der Prediger liest zuerst aus Lukas 23: »Und es war schon um die sechste Stunde, da kam eine Finsternis über das ganze Land bis zur neunten Stunde...« – Draußen geht ein trüber Nachmittag zu Ende. Die hohen Berge sind in Wolken gehüllt. Leise und gleichmäßig fällt der Regen herunter. Mich nimmt die Predigt gefangen. Der Prediger hat nicht Theologie studiert. Zur Not kann er lesen; aber die Predigt bleibt unvergeßlich. »Der Vorhang im Tempel zerriß. Dieser Vorhang ist unsere Sünd. Sie hindert uns, durchzublicken zum Altar, zu Gott. Dieser Sündenvorhang vernebelt unseren Blick. Er ist die Wand, die zwischen uns und Gott steht. Nun aber kommt Christus. Er zerreißt den Vorhang. Unser Blick wird frei. Wir können Gott sehen. Ja, wir können hindurchschreiten zum Altar. Das hat Christus uns getan, meine Freunde...!«
...Die Abendmahlsliturgie hat ihren Fortgang genommen. Nun singt die Gemeinde »O Lamm Gottes, unschuldig«. Pastor Zangezia teilt das Abendmahl aus. Es herrscht verhaltene Stille. Mein Blick fällt auf eine große Bananenstaude, die vor der Kirche steht. Sie hat ihre breiten Blätter völlig geöffnet. Jeder Tropfen Regen wird aufgefangen und wie in einer Dachrinne am Stamm hinuntergeleitet als Nahrung für die Wurzeln. So ist auch diese Ge-

meinde bereit, die himmlischen Gaben zu empfangen. »Für euch gegeben und vergossen... zum ewigen Leben.« »Jamboma! – Amen« – ertönt die Antwort. Dreihundert Abendmahlsgäste ziehen so an uns vorüber und erinnern uns an das Wort: »Auf daß sie alle eines seien.« Mächtig braust nun das Danklied empor und leitet über zur Kindertaufe.

Bei der Taufe steht das Kreuz im Mittelpunkt der Ansprache. »In der heidnischen Zeit war das Kreuz das Besitzzeichen. Ein mit einem Kreuz versehenes Stück Land war vergeben und durfte nicht in Besitz genommen werden. Nun hat Gott das Kreuz als sein Besitzzeichen unter uns aufgerichtet. Menschen unter dem Kreuz sind sein Besitz. Jesus hat am Kreuz dem Schächer gesagt: ›Heute wirst du mit mir im Dorf des Lebens sein! Jetzt zeichnet Gott in der Taufe diese Kinder mit seinem Zeichen, dem Kreuz; sie sind sein Besitz und gehören ins ›Lebensdorf‹.« Nach der Ansprache treten die Frauen mit ihren Kleinen zum Altar. Verwundert folgen die großen, dunklen Augen der Täuflinge der segnenden Hand des Pastors. Sobald aber dann das Wasser kommt – und Pastor Zangezia ist nicht sparsam mit dem Taufwasser – beginnt das Geschrei. Sofort nach der Taufe setzt sich jede Mutter an ihren Platz und legt ihr Kind an die Brust, um den »Jammer« zu stillen. Zanezia beschließt die Feier mit Gebet und Segen: »Nun hast du, o Jesu, am Kreuz durch deine Schmerzen diese Kinder in Besitz genommen. Führe sie in dein Lebensdorf wie damals den Schächer... Jamboma!«

19.
Glieder einer Kette

Wie nun durch die Sünde des Einen die Verdammung über alle Menschen gekommen ist, so ist auch durch die Gerechtigkeit des Einen für alle Menschen die Rechtfertigung gekommen, die zum Leben führt. *Römer 5, 18*

Kann die Verfehlung eines Menschen alle Nachfahren zu Sündern machen? Haben wir nicht schon manchmal große Zweifel in unserem Herzen gehegt über die Lehre von der Erbsünde? Kann man mich für ein Unrecht bestrafen, das ich nicht begangen habe? Können etwa die Afrikaner das Unrecht des Sklavenhandels uns zuschreiben? Können die Juden uns, soweit wir nicht politisch verantwortlich waren oder noch gar nicht zu den Lebenden zählten, für Auschwitz verantwortlich machen? Muß ich Adams wegen zu den Verdammten gerechnet werden? Für unser westliches, individualistisches Denken ist das nicht leicht zu verstehen. Jeder ist doch für sich verantwortlich, jeder seines eigenen Glükkes Schmied! – »Soll ich meines Bruders Hüter sein?«
Wenn ich in Neuguinea auf Reisen war, fiel mir öfters auf, wie besorgt man um mein Wohlergehen war. Konnte das nur menschliche Teilnahme sein? Sicher auch! Erst viel später wurde mir klar, daß Dorfbewohner, mit denen ich zusammen war, sich gemeinsam für mein Wohlbefinden verantwortlich wußten. Ich hätte ihnen Ungelegenheiten bereitet,

wenn ich etwa in ihrem Dorf den Fuß gebrochen hätte oder krank geworden wäre. Umgekehrt, wenn ich einen von ihnen beschuldigte, dann beschuldigte ich das ganze Dorf. Stellte ich einen besonders heraus, dann fühlte sich das ganze Dorf geehrt.

Der afrikanische Bischof Mshana spricht von einer ähnlichen Denkweise seines Volkes. Er sagt dazu: »Wenn jemand mit seinen Freunden auf die Jagd geht und sein Pfeil trifft den Löwen, dann wird später das Lob aller gesungen.

Wenn Paulus über Adam spricht, so ist sein Fall, der Fall aller, seine Sünde die unsere, und in Christus ist sein Sieg unser Sieg.«

In Ländern der Dritten Welt, in denen noch die ursprünglichen Formen des Zusammenlebens intakt sind, gehört Land nicht dem Einzelnen, sondern der Gemeinschaft. Stammestugenden, Schwächen, Sünden, Verantwortung für die gemeinsame Zukunft des Stammes sind für diese Völker noch eine Wirklichkeit, die sie gemeinsam besitzen. Für sie ist es z.B. ein Problem, was mit den Ahnen geschieht, die vor der Zeit der Christianisierung gestorben sind. Ein afrikanischer Pastor erzählte mir, daß sein Großvater kurz vor dem Tod noch das Evangelium gehört hat. Die Taufe lehnte er ab mit den Worten: »Ich war ein Diener meines Königs und möchte auch im Totenreich nicht von ihm getrennt sein.« Was geschieht mit unseren Toten? Das war seine Frage. Ich konnte ihm sagen: »Dazu ist Christus gestorben und wieder lebendig geworden, daß er über Tote und Lebendige Herr sei.« (Röm. 14, 9)

Wir sind tatsächlich Glieder in einer langen Kette, die man nicht auseinanderbrechen kann. Was uns ungemein schwer fällt, nämlich, daß auch wir für die Sünden der Väter verantwortlich sind, ist vom afrikanischen Denken her begreiflich. So ist es nicht verwunderlich, wenn wir auch für die Fehler und Folgen der Kolonisation verantwortlich gemacht werden. Gleichzeitig aber erfahren die Nachkommen der Missionare bis heute eine besondere Hochachtung. Ihnen wird der einst durch ihre Väter vermittelte Segen hoch angerechnet. Ich habe einmal in Neuguinea den entfernten Verwandten, den Namensvetter eines Missionars, vorgestellt und dabei erfahren, welch eine magische Anziehungskraft der Name dieses Mannes sechzig Jahre später noch ausübt. Nicht als Einzelne sind wir schuldig, doch wir sind vorbelastet durch unsere Vorfahren. Nicht als Einzelne sind wir gerechtfertigt, sondern durch unsere Väter im Glauben sind wir vorgeprägt. Wenn das aber schon menschlich verständlich ist, wieviel mehr trifft zu, was Paulus sagt: »Durch die Gerechtigkeit des Einen ist die Rechtfertigung gekommen, die zum Leben führt.« Nicht nur die Erbsünde, sondern auch das Verdienst der Gnade durch den Einen fällt in die Waagschale und ist wirksam. So gibt es denn keinen Unterschied zwischen Juden und Griechen, Deutschen und Afrikanern. Sie leiden alle unter derselben Schuld und leben von derselben Befreiung, die Christus erworben hat.

20.
Sein Eigentum

So spricht der Herr, der dich geschaffen hat: Fürchte dich nicht, denn ich habe dich erlöst. Ich habe dich bei deinem Namen gerufen, du bist mein.

Jesaja 43, 1

Fürchte dich nicht, ich kenne dich! Das ist ein gutes Wort für den Anfang einer neuen Arbeitswoche, einer Woche, der wir vielleicht mit bangem Herzen entgegensehen. Sei es, daß eine unbereinigte Schuld, ein unangenehmes Gespräch oder eine schwere Last von Arbeit auf uns wartet. »Ich habe dich bei deinem Namen gerufen.« Wir alle wissen, welche Freude es bereitet, wenn man plötzlich von einem Menschen, den man lange nicht gesehen hat, mit Namen gerufen wird. Damit wird uns signalisiert: »Du bist mir nicht unbekannt und nicht gleichgültig, ich weiß um dich.«

In Neuguinea habe ich Freunde immer dann leicht gewonnen, wenn ich mir ihre Namen merken konnte. Sie empfanden das fast wie eine Liebeserklärung. Wohl dem, der ein gutes Namensgedächtnis hat! Er findet leichter Zugang zu den Herzen der Menschen.

Wer unter Menschen anderer Kulturen gelebt hat, weiß um die Bedeutung, die dem Namen zukommt. Während er in der vorchristlichen Zeit geheimnisumwittert war, wurde er mit der Taufe zu einem öffentlichen Bekenntnis. Als Beispiel dafür mögen einige Neuguinea-Namen gelten:

Raunuwe – Er hat mich in Besitz genommen!
Zurewe – Er wurde getauft.
Zurenare – Wasche mich!
Gedisa – Er ist auferstanden.
Rocnuc – Nimm mich!

Ein weiteres Beispiel für die Bedeutung der Taufe und Namensgebung finden wir in der Evangelisch-Lutherischen Kirche von Tansania. Nicht jeder kennt dort seinen Geburtstag, bekannt ist aber der Tauftag. Am Jahrestag der jeweiligen Taufe versammeln sich in vielen Gemeinden alle Christen, ob jung oder alt, die an dem betreffenden Sonntag getauft wurden. Nach der Predigt ziehen sie gemeinsam um den Taufstein herum, und jeder legt eine Dankesgabe ein. Stehend und singend feiert die versammelte Gemeinde mit.

»Ich habe dich bei deinem Namen gerufen.« An diesem Wort wird auch für unseren Verstand die oft so schwer begreifliche Kindertaufe faßlich. Es will uns sagen: Ich habe dich nicht nur geschaffen, sondern ich rufe dich auch nach Hause in meine Gemeinde und schreibe deinen Namen ins Buch des Lebens ein. Damit aber gehören wir nicht mehr uns selbst. Wie einsam wären wir, wenn wir nur uns selbst gehören würden! Wie schrecklich, wenn wir nur von der Willkür eigener Begierden, Empfindungen und Gedanken abhängig wären! Wie tröstlich dagegen, wenn uns jemand sagt: »Du gehörst mir, denn du trägst meinen Namen!«

Der Gott, der uns das »Fürchte dich nicht« zuruft, hat uns aber auch die Freiheit gelassen, eigene Wege zu gehen. Damit begeben wir uns freilich außerhalb seines Schutzbereiches. Unsere Bitte kann

nur sein: »Gott, bewahre mich davor, dir dein Eigentumsrecht streitig zu machen. Ich möchte nicht in eine namenlose Masse versinken.«
»Ich habe dich bei deinem Namen gerufen«, ich habe dich geschaffen. Du bist eine einmalige Schöpfung, ein unverwechselbares Wunder. Der Psalmist drückt es so aus: »Deine Augen sahen mich, da ich noch unbereitet war.« (Psalm 139, 16) Weil wir sein Ebenbild sind, werden wir nicht vergehen. Auch wenn der Leib zur Erde geworden, die Asche in alle Winde zerstreut oder im Meer versunken ist, unser Bild hat Gott unter unserem Namen aufbewahrt für die Ewigkeit.
Fürchte dich nicht! verkündet mir: Er will mein persönlicher Herr sein und nicht nur eine Gottesidee. Wer kann schon mit Ideologien leben in einer Welt offensichtlicher Vergänglichkeit! »Du bist mein«, mit diesem Wort wird jeder Tag meines Lebens ein Schritt auf ihn zu sein. Auch die vor uns liegende Woche soll unter diesem Wort stehen.

21.
Die Stimme seines Herrn

Wer euch hört, hört mich; wer euch verachtet, verachtet mich; wer aber mich verachtet, verachtet den, der mich gesandt hat. *Lukas 10, 16*

Dieser Text steht in engem Zusammenhang mit den vorhergehenden Versen. Die siebzig Boten Jesu haben ihre Dienstanweisung bekommen. Sie lautet: »Verkündet den Frieden und das Reich Gottes. Sagt den Leuten, daß es euch auf dem Fuße folgt. Heilt die Kranken. Haltet euch nicht auf dem Weg auf. Beschwert euch nicht mit unnützem Gepäck. Betet um Mitarbeiter.«

Und dann folgt einige Verse später jenes unerhörte Wort: »Wer euch hört, hört mich; wer euch verachtet, verachtet mich.« Hier wird der Bote mit seinem Herrn gleichgestellt, eine für uns unverständliche Gleichung. Vielleicht wäre es für unseren Verstand annehmbarer, wenn Jesus diese Worte zu seinen zwölf Jüngern gesprochen hätte. Sie kannten ihn und waren immer mit ihm zusammen. Das war aber hier nicht der Fall, denn am Anfang des Kapitels heißt es: »Danach sonderte der Herr andere siebzig aus und sandte sie.« Wir wissen nicht, um was für Leute es sich da gehandelt hat. Doch nehmen wir an, daß sie nicht lange mit ihm zusammengewesen sein können. Wir wissen nicht, welche Maßstäbe bei der Auswahl dieser »Missionare« für Jesus eine Rolle gespielt haben. Eines aber dürfen wir mit Bestimmtheit annehmen: Es können nur Menschen

seines Vertrauens gewesen sein. Wem er sein Vertrauen schenkt, der darf für sich in Anspruch nehmen, in seinem Namen gehört zu werden.
Der Apostel Paulus gibt uns den Schlüssel zum Verständnis dazu. Er schreibt in 2. Kor. 5, 20: »So sind wir nun Botschafter an Christi Statt, denn Gott vermahnt durch uns; so bitten wir nun an Christi Statt: Lasset euch versöhnen mit Gott!«
Botschafter sprechen nie in eigener Vollmacht, sondern immer im Namen ihres Königs. Ihnen kann es nie um die eigene Person, sondern immer nur um die Botschaft ihres Königs gehen. Nichts ist in ihr eigenes Ermessen gestellt. Sie beziehen ihre Machtfülle einzig und alleine aus dem Vertrauensverhältnis zu ihrem König. Wehe ihnen, wenn sie auf eigene Faust Politik machen wollten oder gar die vorgegebene Botschaft nach eigenem Gutdünken abänderten! Immer muß für sie die Botschaft im Mittelpunkt stehen. Sie selbst sind nur die Stimme ihres Herrn.
Ich hörte vor einiger Zeit einmal eine funkelnde Predigt in bestem Deutsch. Sie ließ mich kalt, denn im Mittelpunkt stand nicht die Botschaft, sondern der »Botschafter«. Im Gegensatz dazu erinnere ich mich an die Predigt eines alten australischen Landpfarrers, den ich einmal auf seiner Predigtreise begleitete. Er war alles, nur kein glänzender Rhetoriker. Aus dem reichlich zusammenhanglosen Gestammel ist mir ein Satz im Gedächtnis haften geblieben, an den ich mich heute nach dreißig Jahren immer noch erinnere. Der alte Mann sagte: »Es ist nicht wichtig, daß ihr Jesus seht. Wichtig ist, daß er euch sieht.« Diesen Satz wiederholte er einige

Male. Deswegen allein wäre er sicher nicht bei mir hängengeblieben; aber dem Prediger spürte man es an, daß er an das, was er sagte, auch persönlich glaubte.
Daher traf auf diese an sich kümmerliche Predigt auch zu, was Luise Rinser in einem ihrer Bücher einmal sagt: »So kann ich hinter einer schlechten Predigt auch plötzlich die Epiphanie einer großen Wahrheit erleben.«

22.
Aufgenommen

Wer euch hört, hört mich; wer euch abweist, der weist mich ab, wer aber mich abweist, der weist den ab, der mich gesandt hat. *Lukas 10, 16*

Wer einen Menschen abweist, ohne ihn anzuhören, vollzieht damit einen Bruch, wie er schärfer nicht sein kann. Hier wird den siebzig Jüngern im Evangelium gesagt: »Wer euch abweist, ausschließt, ablehnt, der lehnt mich ab. Ihr seid meine Vertreter, meine Stimme. Damit hat euer Wort vor meinen Augen und vor den Augen der Welt Gültigkeit. Wehe den Menschen, die euch ablehnen! Sagt zu ihnen: Auch den Staub aus eurer Stadt, der an unseren Füßen hängengeblieben ist, wischen wir ab. Doch sollt ihr wissen, daß das Reich Gottes nahe herbeigekommen ist!«
Die Parallelstelle zu unserem Text finden wir bei Matthäus 10, 40: »Wer euch aufnimmt, der nimmt mich auf. Wer aber mich aufnimmt, der nimmt den auf, der mich gesandt hat.«
Mit dieser Verheißung unterstreicht der Herr die Stellung des Boten, der an seiner Stelle Frieden und Versöhnung anbietet. Er geht so weit, daß er jedes Glas Wasser, das seinen Boten gereicht wird, belohnt. Verwundert werden die Gastgeber fragen: »Wann haben wir dich hungrig, durstig oder als Fremdling gesehen?« (Matth. 25, 44)
Ich komme an dieser Stelle nie vorbei, ohne an ein Erlebnis zu denken, das mir der braune Bischof

Mambu aus Neuguinea erzählt hat. Er berichtet: »Ich war Evangelist und sollte meine Arbeit in einem wilden Bergland von Neuguinea aufnehmen. Als meine Frau und ich dort ankamen, sagten die Bewohner: ›Die Botschaft, die uns dieser Mann zu sagen hat, muß für seinen König sehr wichtig sein, wenn ein einäugiger Mann (Bischof Mambu hat nur ein Auge) und eine Frau mit einem verkrüppelten Bein eigens dafür zu uns kommen.‹ Die unwissenden Leute nahmen uns freundlich auf und sagten zu mir: ›Geh du ruhig an deine Arbeit, deine Botschaft auszurichten; du kannst die ›Mutter‹ bei uns lassen, wir passen schon auf sie auf und bringen ihr Essen und Feuerholz.‹«

Unwissende haben hier die Boten Gottes aufgenommen. Paulus schreibt an die Galater: »Und meine Anfechtungen, die ich leide nach dem Fleisch, habt ihr nicht verachtet noch verschmäht; sondern wie einen Engel Gottes nahmt ihr mich auf, ja, wie Christus Jesus.« (Gal. 4, 14) Er selbst, der Herr, schafft für seine Boten die Voraussetzung für ihre Arbeit, indem er sich ihnen, um der Botschaft willen, gleichstellt.

Darf sich der Bote darüber freuen? Ja, aber nur insofern, als er sich immer bewußt bleiben muß, daß die Ehre nicht ihm persönlich gilt, sondern dem, der ihn gesandt hat.

Hier liegt meines Erachtens die größte Gefahr für den »Botschafter an Christi Statt«. Priesterliche Gestalten, die ihr ganzes Leben lang im Dienste ihres Herrn standen und vielen Menschen Führer auf dem Weg waren, werden oft von anderen in solche Rollen gedrängt. Nur indem der Bote in ständiger

Verbindung mit seinem König bleibt, darf er für sich den Trost und die Autorität in Anspruch nehmen, die in dem Wort liegt: »Wer euch hört, hört mich!«

23.
Das schöpferische Wort

Im Anfang war das Wort, und das Wort war bei Gott. Dies war im Anfang bei Gott. Alle Dinge sind durch das Wort gemacht, und ohne das Wort ist nichts gemacht. *Johannes 1, 1–3*

Der Evangelist Habu lebte in einem wilden Bergland, westlich von Finschhafen in Papua-Neuguinea. Dreißig Jahre arbeitete er unter den rund 15000 Bergbewohnern, die inzwischen alle Christen sind. Die steilen Berge und die starken Regenfälle machen es unmöglich, Straßen zu bauen. Die jungen Männer mußten ihre Heimat verlassen, um »draußen« an der Küste Arbeit und Brot zu finden. Eigene landwirtschaftliche Erzeugnisse konnten diese Stiefkinder der Zivilisation nicht an den Mann bringen, denn es gab keine Transportmöglichkeiten.

Nach langem Suchen gelang es uns, ein geeignetes Stück Land für einen kleinen, 600 Meter langen Flugplatz zu finden. In mühevoller Arbeit mit Hakken und Schaufeln, Schubkarren und Tragbahren ebneten die Leute das Land. Im letzten Monat arbeitete ich mit ihnen zusammen, um alle Unebenheiten auszugleichen.

Endlich war der Tag herbeigekommen, an dem das erste Flugzeug landen sollte. Gegen Mittag, als die Wolken verzogen waren, kam die kleine Maschine über die Berge herein und setzte fast lautlos, mit gedrosseltem Motor, zur Landung an. Eine Minute später stand sie still. Ein tausendfacher Schrei ging durch die Menge. Es war, als wenn die Welt, ihre Welt, für eine Minute stillgestanden wäre. Nun, da sie das Flugzeug sicher auf dem Boden wußten, löste sich die Spannung. Sie hatten es geschafft. Die Verbindung mit der großen Welt war hergestellt. Aus tausend Kehlen ertönte das eigens für den Anlaß gedichtete und eingeübte Lied:

> O, unser Kapitän, was sollen wir für dich tun!
> O, unser Kapitän, wir nehmen deine Hand.
> O, großer Gott, dich wollen wir loben und emporheben. Das woll'n wir für dich tun.
> O, Kapitän, deine Taube ist bei uns gelandet.
> O, sie ist eben gelandet.
> O, heiliger Geist, du, der du die Taube bist, lande bei uns so wie dieser Vogel.

Dann wurde es ganz still auf dem kleinen Flugplatz, und Habu, der Evangelist, hielt seine Predigt, der er die obige Schriftstelle zugrundegelegt hatte. Er sagte:

»Der große Anutu (Gott) war am Anfang ganz alleine da. Sonst gab es nichts. Durch sein Wort entstanden die Berge, die ihr hier seht. Er machte die Menschen, die weißen und die braunen, die Schweine und die Hunde und die Vögel. Später gab er den Weißen den Verstand, Maschinen und Werkzeuge zu erfinden. Und mit diesem Verstand und ihren Maschinen und Werkzeugen haben sie begonnen, Autos und Flugzeuge herzustellen. Ein solches Flugzeug seht ihr nun vor euch.

Manche von euch sind so dumm und glauben, der große Gott würde sich damit abgeben, euch Faulen-

zern die Schiffe und Autos vom Himmel herunterzuwerfen. Nein, das tut er nicht. Er gibt den Menschen ein wenig von seinem Verstand ab. Das genügt aber nicht. Es muß auch noch etwas dazu gesagt werden. Das tut sein Sohn Jesus Christus. Was er zu sagen hat, das steht in diesem Buch. Letzten Endes aber kommt alles von Gott. Ohne ihn hätten wir diesen Tag nicht erlebt. Weil er nicht selber da sein kann, hat er uns seinen heiligen Geist geschickt, der uns gute Gedanken gibt. Heute hat sich Gott durch sein Wort und durch Eure Hände diesen Flugplatz geschaffen. Nun könnt ihr nach »draußen« gehen und von ihm hören. Weiße und braune Menschen können zu uns kommen, und wir sind nicht mehr so allein wie früher.
So wie ihr diesen Flugplatz sauber und eben gemacht habt, so sollt ihr eure Herzen immer eben machen und von Unkraut befreien, damit der Heilige Geist hineinfliegen kann; denn ohne ihn habt ihr keine Kraft. Darum beten wir: O, heiliger Geist, lande in unseren Herzen, so wie dieses Flugzeug hier auf unserem Platz gelandet ist. Amen.«
Nach dieser Feier fand ein Festmahl statt. Auf einem dafür errichteten Podium stand ein Tisch mit vier Stühlen und nur zwei Tellern. Der Pilot und ich mußten uns setzen. Neben uns saßen der Bürgermeister und der erste Christ Omosis, der einst von dem Pioniermissionar Christian Keyßer getauft worden war. Der Bürgermeister und der Pilot aßen aus einem Teller, Omosis und ich aus dem anderen. Es war wie bei einer Hochzeit, bei der das Brautpaar aus einem Teller ißt. Damit waren wir in die Sippe aufgenommen, in die große Gottes-Sippe des Anutu.

24.
Was die Welt verändert

»Herr, lehre uns beten!« *Lukas 11, 1*

Eine verständliche Scheu bewahrt uns davor, über eigene Gebetserfahrungen viele Worte zu verlieren. Umso tröstlicher ist es, davon zu erzählen, wie es andere mit dem Beten halten. Das soll auch der Beitrag zu diesem Text sein.
Ein Jugenderlebnis: Als es vor nunmehr fünfzig Jahren auf die große Reise nach Neuguinea ging, wurde mir die letzte Begegnung mit dem Schaudigs Hanni zu einem unvergeßlichen Erlebnis. Auf dem Wege zum Bahnhof – wir fuhren mit dem Mietauto – saß der Hanni wie gewöhnlich am Wegrand und klopfte Steine. Als er uns sah, hielt er das Auto an, kam heran, gab mir seine schwielige Hand und sagte: »Wilhelm, vergiß das Beten nicht.« Sprach's, setzte sich wieder auf seinen Steinhaufen und klopfte weiter. Wie könnte man so etwas vergessen! Hanni gehörte zu den Stillen im Lande. Er wußte, wovon er sprach.
Einübung im Gebet: Der früh heimgegangene Mufuanu Butik, einer der leuchtenden Gestalten der jungen Kirche in Papua-Neuguinea und bekannt als ein Mann des Gebets, hielt uns einmal eine Bibelarbeit über Johannes, den Prediger in der Wüste. Dabei verwies er auch auf Jesus, den Beter in der Wüste. Schließlich kam er auf eine Episode während seiner Studienzeit zu sprechen und sagte: »Um zu beten, braucht man Stille; das sehen wir am Ver-

halten unseres Herrn. Wir hatten damals auf den Höfen und Häusern der Schule keine Stille. Da kamen einige auf den Gedanken, zum Beten in den Wald zu gehen. Wir schlugen eine kleine Lichtung in den Urwald, errichteten ein Kreuz, und darunter versammelten wir uns jeden Abend, um zu beten. Das war unsere Wüste.« Aus diesem Beispiel – und es gäbe noch unendlich viel mehr – geht hervor: Erziehung zum Gebet besteht nicht nur in der bekannten Ermahnung etwa an die Kinder: »Habt ihr schon gebetet?«, sondern im Mitmachen.

Das erbauliche Gebet: Christian Keyßer erzählt einmal: »Die Christen saßen noch beisammen. Man betete sich in eine regelrechte Gefühlserhebung hinein. Sie beschlossen, öfters solche Zusammenkünfte zu halten, und kamen mit diesem Vorschlag zu mir. Ich fragte »Warum?« Antwort: »Weil es so herrlich war.« Ich gab ihnen darauf zu bedenken, daß sie sich vor geistlicher Genußsucht in acht nehmen sollten. Seid nüchtern zum Gebet!

Das öffentliche Gebet: Mir kommt dabei immer wieder einmal der Ausruf eines jungen Menschen in den Sinn: »Wenn nur eure Gebete nicht immer so gnadenlos ausgewogen wären!« Schlimmer aber ist es noch, wenn man dem lieben Gott öffentlich etwas erzählt, was eigentlich für die Anwesenden bestimmt ist.

Gebetserhörungen: Man könnte Bücher darüber füllen. Wie steht es aber mit den unerhörten Gebeten? Dem Apostel Paulus wurde auf seine dreifache Bitte um Heilung der Bescheid gegeben: »Laß dir an meiner Gnade genügen, denn meine Kraft ist in den Schwachen mächtig.« Auch das ist eine Art und

Weise, wie Gott Gebete erhört. Der schwäbische Evangelist Elias Schrenk faßt es so zusammen: »Unser Gott ist souverän. Gläubiges Gebet ist keine Kanonade gegen Gottes Herz, sondern das Bitten des Tiefgebeugten, der seinem Gott alles zutraut, aber auch alles hinzunehmen bereit ist, was seine Hand gibt.«

Je selbstloser eine Bitte ist, umso mehr Chance hat sie, erhört zu werden. Gebete um den Geist Gottes, um seine Nähe und um das Kommen seines Reiches – das zeigen Erfahrungen aus der Weltmission immer wieder – finden wunderbare Erhörung. Aus der Fülle der Beispiele sei eines herausgegriffen.

Der Neuguinea-Missionar Mailänder berichtet in seinem Tagebuch: »Am Abend gegen fünf Uhr umstellten 42 Krieger, mit Pfeil und Bogen bewaffnet, unser Rasthaus. Es waren für uns lange und bange Stunden in dieser Nacht... Gegen elf Uhr wurde unsere Lage so gefährlich, daß selbst unsere besten Evangelisten um unser Leben bangten. Plötzlich wurde mir eine Gewißheit und unaussprechliche Freude geschenkt. Ich sagte meinen Begleitern, daß uns kein Haar gekrümmt werden würde. Da fiel mir die Elisa-Geschichte ein, und ich betete: »Herr, schlage sie mit einem tiefen Schlaf, daß wir entkommen können.« Von abends fünf Uhr bis morgens halb zwei Uhr standen die Krieger uns ohne Unterbrechung gegenüber. Auf mein Gebet hin sind sie tatsächlich mit ihren Waffen in den Händen im kalten Regen eingeschlafen, so daß wir uns vorsichtig, leise, einer nach dem anderen, entfernen konnten.« Mailänder war nicht in eigener Sache unterwegs, das verlieh seinem Gebet Gewicht.

Die Voraussetzung für unser Beten ist (nach Dag Hammarskjöld): »Gib mir einen reinen Sinn, daß ich dich erblicke, einen demütigen Sinn, daß ich dich höre, einen liebenden Sinn, daß ich dir diene, einen gläubigen Sinn, daß ich in dir bleibe.« Die Antwort auf solches Beten faßt Saint Exupéry im folgenden Satz zusammen: »In deiner Nähe habe ich mich nicht zu entschuldigen, nicht zu verteidigen, brauche ich nichts zu beweisen.«

25.
Wo ist der Himmel?

Zuletzt, als die Elf zu Tische saßen, offenbarte er sich ihnen und schalt ihren Unglauben und ihr verstocktes Herz, weil sie denen nicht geglaubt hatten, die ihn als Auferstandenen gesehen hatten. Und er sprach zu ihnen: »Geht hin in alle Welt und predigt das Evangelium der ganzen Schöpfung. Wer glaubt und getauft wird, der wird gerettet werden, wer aber nicht glaubt, der wird verdammt werden. Die Zeichen aber, die denen folgen werden, die glauben, sind diese: In meinem Namen werden sie böse Geister austreiben, in neuen Zungen reden, Schlangen mit den Händen hochheben, und wenn sie etwas Tödliches trinken, wird's ihnen nicht schaden. Kranken werden sie die Hände auflegen, und die werden gesund werden.« Nachdem der Herr Jesus mit ihnen geredet hatte, wurde er in den Himmel aufgenommen und setzte sich zur Rechten Gottes.

Markus 16, 14–19

Wer die Oster- und Himmelfahrtsgeschichte liest, muß Farbe bekennen. Hier entscheidet sich unser Glaube.

Wir geben auf das Hörensagen nicht viel. Lieber überzeugen wir uns von einer Sache persönlich. Was wir sehen, hören, betasten und allenfalls mathematisch beweisen können, das »glauben« wir auch. – Stimmt das? Wie ist es, wenn uns z.B. ein Vater, von dem wir ein ganzes Leben lang nur Gutes erfahren haben, etwas erzählt? Glauben wir ihm auch nicht? Glaube ist doch nichts anderes als gelebtes Vertrauen. Ein afrikanischer Christ bezeichnet ihn als liebendes Vertrauen. So wie ein Mann zu seiner Frau sagt: »Ich glaube an dich«, so muß ich immer wieder neu zu meinem Herrn sagen: »Ich glaube, Herr, hilf meinem Unglauben.« Diesen Satz wird man ein ganzes Leben lang einüben müssen, denn Glauben kann man nicht besitzen, wie man ein Haus besitzt, auch nicht erben, wie man ein Haus erbt. Nur indem wir diesen unsichtbaren Gott immer wieder angehen, anbeten, ja belästigen, erleben wir ständig neue Wunder mit ihm.

Der Evangelist Melchisedek aus Sio in Papua-Neuguinea schnitzte vor vielen Jahren ein Bild, wie er sich die Auferstehung vorstellt. Im Mittelpunkt steht Christus, wie er sich aus dem Grab erhebt, umgeben von einem Strahlenkranz. An beiden Seiten stehen zwei Soldaten. Sie schlafen nicht. Nein, sie stehen kerzengerade da, aber ihre Gesichter sind abgewandt. Sie sehen das Wunder nicht. Ihren Augen ist es verborgen.

Dieser Bildschnitzer hatte erfaßt, worum es beim Glauben geht: Nicht sehen und doch glauben. Immer wieder geschehen Wunder – auch bei uns und an uns; aber immer merken wir erst nachher, daß der Herr es war, der an uns vorübergegangen ist. Die Frage ist erlaubt: Gibt es jemanden, der noch kein Wunder erlebt hat in seinem Leben? Mußten wir nicht schon manchmal im Nachhinein eingestehen: Hier bin ich auf wunderbare Weise behütet worden?

Doch die Geschichte des Auferstandenen geht weiter. Jesus sagt in unserem Text: Geht, und ihr werdet eure Wunder erleben! Geht zu denen, die im Schatten wohnen. Der Evangelist Murawe vom neuguineischen Hochland schreibt einmal in einem Leserbrief an sein Kirchenblatt: »Missionsarbeit kann man nicht im Sitzen tun. Jesus ist auch nicht zu Hause bei seinem Vater sitzen geblieben, sondern er ist zu uns gekommen und hat Schmerzensarbeit geleistet.

Wer zu Hause sitzen bleibt, erlebt keine Wunder, macht keine Fehler, erlebt keine Enttäuschungen und keine Schmerzen, wird aber auch nicht reicher. Er bringt sich um das Abenteuer echter menschlicher Beziehungen.

Hingehen ist nicht immer leicht. Man fürchtet die Zurückweisung. Genau das aber wird vom Glauben erwartet. Die gute Nachricht von der Zuwendung Gottes durch seinen Sohn Jesus Christus soll denen bekannt gemacht werden, die im Schatten ihrer Ängste und Zweifel leben. Gehören wir nicht selbst zu denen, die in dieses Schattenreich immer wieder zurückfallen?

»Gehet hin!«, sagt der, der Kranke heilt, Trauernde tröstet, Hungrige speist und Tote auferweckt. Aber am Ende jeder Reise steht das Heimkommen. Heimkehr zu unserem Herrn wird in der Bibel mit »Himmel« umschrieben. Wo ist der Himmel? Ich las bei Jörg Zink: »Der erhöhte Herr trohnt zur Rechten des Vaters. Der Vater aber, der weiß, wessen wir bedürfen, ist überall. Himmel ist die liebende Nähe Gottes.«

26.
Der nahe Gott

Er hat gemacht, daß sie den Herrn suchen sollten, ob sie doch ihn fühlen und finden möchten, und fürwahr, er ist nicht ferne von einem jeglichen unter uns. *Apostelgeschichte 17, 27*

In der kürzlich erschienenen Bibel in der Kottesprache (Neuguinea) heißt dieser Satz in der Rückübersetzung: Gott hat das Suchen nach ihm in unser Inneres gelegt, damit wir immer an ihn denken und so ihn finden können. Er ist nicht weit weg, sondern jedem nahe.
Gott ist nicht weit weg, sondern jedem nahe. Dieser Satz stammt aus der großen Rede des Apostels Paulus auf dem Areopag zu Athen. Die Athener hatten die Verbingung zu dem unbekannten Gott verloren und einer Vielfalt von lokalen Gottheiten Altäre errichtet. Trotzdem, dem unbekannten Gott hatten sie auch einen Altar errichtet. Sicher ist sicher, man kann ja nie wissen, ob er nicht doch vielleicht nützlich sein könnte! An den Altar für den unbekannten Gott knüpft Paulus an. Ihn verkündigt er, und von ihm sagt er: »Dieser Gott ist nicht weit weg, sondern jedem nahe.«
Hören nicht viele Menschen diesen Satz mit einer gewissen Skepsis? Sollte Gott wirklich in der Nähe sein? Warum dann so viel Leid? Haben wir es nicht im Gegenteil mit einem fernen, unbegreiflichen Gott zu tun? Der Psalmist klagt: »Ich heule, aber meine Hilfe ist fern.« (Psalm 22, 2)

Wo ist Gott? Der afrikanische Theologe Judah Kiwovele drückt es so aus: »Das Wissen um die Existenz Gottes ist bei uns vom allgemeinen täglichen Leben abgehoben... Es gibt kein ausführliches Kultsystem für seine Verehrung. Doch er ist die Quelle des Seins, an die man sich in Zeiten der Gefahr wendet.«
Ein anderer Afrikaner drückt es einfacher aus: »Gott war immer da, aber er hat sich immer weiter von uns entfernt, und nun können wir ihn nur noch als einen dunklen Schatten erahnen. An seine Stelle sind die Ahnen getreten, die zwischen ihm und uns stehen. Daneben stehen die Geister, die Feld-, Wald-, Wiesen-, Fluß- und Berggeister. Ähnlich berichtete der Neuguineamissionar Dr. Hermann Strauß (1910–1978): »Wohl ist ihnen der Schöpfergott ein Begriff, aber in ihrem Alltag spielt er keine Rolle. Er ist, wie sie sagen, ›weggegangen‹. Nahe stehen ihnen aber dafür die Geister und Ahnen. Nur in extremen Notsituationen, etwa einer großen Trockenheit oder bei einer Epidemie, erinnert man sich seiner und bringt ihm Opfer dar.«
Wo ist Gott? Gott ist weggegangen! Nur in extremen Notsituationen erinnert man sich seiner. Im Alltag spielt er keine Rolle. Ist das nicht eine Beschreibung der Welt, in der wir leben? Ist Gott nicht zu einem fernen Gott geworden? Wo er aber in die Ferne gerückt ist, wird er zum Schatten. Ein Schatten kann einem gleichgültig sein, oder man kann ihn fürchten. Lieben kann man einen Schatten nicht. Man kann nicht lieben, was fern und unbegreiflich ist. Gott aber will geliebt sein. Damit befänden wir uns in einer ausweglosen Situation, wenn nicht ein Er-

eignis eingetreten wäre, das unsere Gottesvorstellungen grundstürzend verändert hat.
Wo ist Gott? Die Menschwerdung Gottes in seinem Sohn, unserem Herrn Jesus Christus, hat den Schattenspielen ein Ende bereitet. Es ist nicht von ungefähr, daß die Gestalt Jesu für die ersten Christen in den Ländern der Dritten Welt zum Mittelpunkt des Glaubens wurde. Nun kann eine Neuguineamutter zu ihren Kindern sagen: »Jetzt braucht ihr euch nicht mehr vor dem großen Balum, dem Ahnengeist, zu fürchten. Unser Gott heißt Jesus Christus. Er war ein Kind wie ihr, das man anfassen konnte, das hungrig und durstig und müde war, so wie ihr.« Und ein alter Masai konnte sagen: »Ja, wenn du von einem Gott weißt, der uns über den Tod hinaus begleitet, dann will ich gerne zuhören.«
Nun ist dieser ferne Gott plötzlich ganz nahe an uns herangekommen, kennt alle menschliche Not, kennt sogar die Gottesferne »Mein Gott, mein Gott, warum hast du mich verlassen!« Dieser Gott ist uns so nahe, daß wir unsere Hand an seine Seite legen dürfen und ausrufen wie Thomas: »Mein Herr und mein Gott!«

27.
Hinhören

Der Herr hat mir eine Zunge gegeben, wie sie Jünger haben, daß ich wisse, mit den Müden zur rechten Stunde zu reden. Alle Morgen weckt er mir das Ohr, daß ich höre, wie Jünger hören. Jesaja 50, 4

Es hat alles seine Zeit, und alles Tun unter dem Himmel hat seine Stunde. Schweigen hat seine Zeit, und Reden hat seine Zeit. Prediger 3, 1. 7

In unseren heutigen Texten geht es um das Reden und Hören. Wie leicht uns das Reden und wie schwer das Hören fällt, das macht sich schon in der Kinderstube bemerkbar. Es beginnt mit dem berühmten Satz: »Jetzt hör' doch mal!« In der Schule geht es weiter mit dem Standardsatz des Lehrers: »Hört doch bitte einmal zu!« Weiter geht es beim Militär: »Alle mal herhören!« Jakobus gibt uns den Rat: »Jeder Mensch sei schnell beim Hören, langsam beim Reden.« (Jak. 1, 19)

Hören, wie ein Jünger hört, das ist die Voraussetzung, mit den Müden zu reden. Wer nicht auf Gott hören kann, ist schwerlich befähigt, mit den Müden zu reden.

»Alle Morgen weckt er mir das Ohr.« Wie kann ein Mensch seinen Tag bestehen ohne einen Moment der Stille? Wie kann er sich so unvorbereitet in das Getriebe des Alltags stürzen, ohne befürchten zu müssen, daß er bald außer Hörweite gerät? Wer hat nicht schon die Erfahrung gemacht, daß das Ohr zur

Morgenzeit besonders geschärft ist, hinzuhören? Mir ist noch immer ein Satz aus dem Protokoll der Weltmissionskonferenz in Bangkok in Erinnerung. Da wurde den Europäern gesagt: »Wenn ihr nur hinhören wolltet!« Gemeint war damit wohl: Wenn ihr nur auch die Zwischentöne wahrnehmen würdet und nicht immer sofort auf alles eine Antwort wüßtet! Das scheint eine europäische Krankheit zu sein. Vielleicht ist es auch nur eine Berufskrankheit.

Kurz nach meiner Rückkehr nach Deutschland nahm ich an einer kirchlichen Konferenz teil. Da ich in Papua-Neuguinea an vielen Konferenzen und Sitzungen teilzunehmen hatte, konnte ich interessante Vergleiche ziehen. Das melanesische Prinzip des Zusammenlebens bestand darin, eine Frage so lange und so gründlich zu besprechen, bis eine allgemeine Übereinstimmung erreicht war. Jeder konnte zu Wort kommen. Von jedem konnte man dann erwarten, daß er den so gefaßten Beschluß mittrug. Anders bei der eben erwähnten kirchlichen Konferenz in Deutschland. Vielleicht war dies ein besonders krasser Fall, oder die Autorität des Leiters war so allgemein anerkannt, daß niemand wagte, etwas dagegen zu sagen. Der Vorsitzende hatte alle Punkte bestens vorbereitet. Er las sie vor und rief dann Punkt für Punkt auf. Ich dachte, daß nun wohl die Diskussion beginnen würde, bis ich merkte, daß der Vorsitzende auch gleich die Antworten bereit hatte. Wahrscheinlich waren es die richtigen Antworten, denn er beherrschte offensichtlich die Materie. In mir stiegen aber doch Zweifel hoch. Wäre es nicht besser gewesen, er hätte die Antworten nicht vorweggenommen? Viel-

leicht wäre dann ein gutes Gespräch daraus geworden, das von allen mitgetragen worden wäre.
Christian Keyßer schreibt einmal in seinen Erinnerungen: »Eine ungehaltene Predigt ist oft besser für die Gemeinde als eine gehaltene.« An einer anderen Stelle sagt er: »Ich habe festgestellt, daß Gemeindeversammlungen, bei denen jeder zu Wort kam, oft Gott mehr gedient haben als Gottesdienste. Sie halfen zur Erbauung der Gemeinde im wahrsten Sinn des Wortes.« In Ogelbeng erlebte ich einmal, wie ein Sonntagsgottesdienst nicht gehalten wurde. Der für die Predigt bestimmte Älteste war nicht gekommen. Der Missionar sollte aushelfen, wie schon einige Male zuvor. Doch diesmal blieb er fest. Der Gottesdienst fand nicht statt. »Schweigen hat seine Zeit, und Reden hat seine Zeit.«
Hören, wie die Jünger hören! Wie hören sie denn? Sie hören mit dem Herzen. Dadurch gewinnen sie Herzen, und Gott legt ihnen die rechten Worte in den Mund. Jeden Morgen weckt er ihnen das Ohr und schenkt ihnen die Reserven für den neuen Tag. »Er weckt mich alle Morgen, er weckt mir selbst das Ohr, Gott hält sich nicht verborgen, führt mir den Tag empor, daß ich mit seinem Worte begrüß das neue Licht. Schon an der Dämm'rung Pforte ist er mir nah und spricht.« (Jochen Klepper)

28.
Von der Schwierigkeit zu lieben

So wie mich mein Vater liebt, so liebe ich euch. Bleibt in meiner Liebe! Wenn ihr meine Gebote haltet, dann bleibt ihr in meiner Liebe, so wie ich die Gebote meines Vaters halte und in seiner Liebe bleibe. Das sage ich euch, damit meine Freude in euch bleibt und eure Freude vollkommen wird.

Johannes 15, 9–11

Eine Sage, die uns von den Ureinwohnern Australiens überliefert wird, hat folgenden Inhalt: »Der große Schöpfer Bunjil erschuf die Sonne, den Mond, die Sterne, die Hügel und die Täler, die Bäume und Pflanzen und alle Lebewesen, die das Land bewohnen. Nachdem er das getan hatte, fühlte er sich einsam und sehnte sich nach Gefährten, mit denen er sprechen, singen und tanzen konnte. Aus dem besten Ton, den er fand, formte er einen Menschen nach seinem Bild. Über dieses Ebenbild war er so glücklich, daß er gleich noch ein zweites machte. Als er fertig war, blies er sie an und gab ihnen Leben. Dieser Atem war ein mächtiger Wind.«

Wir finden in dieser Urgeschichte, überliefert durch eines der ältesten Völker der Menschheit, das geheime Thema der Liebe Gottes wieder. In seinem Sohn, unserm Herrn Jesus Christus, wurde es öffentlich: »Offenbart im Fleisch.« (1. Tim. 3, 16)

Wie aber reagieren wir auf diese vorbehaltlose Liebe? Empfinden wir sie als Zwang, als Verlust unserer Freiheit und Selbständigkeit? Unser Herz, dieses trotzige und verzagte Ding, lebt in einem sonderbaren Zwiespalt. Einerseits sehnt es sich nach Liebe, und andererseits fürchtet es sich vor einer völligen Hingabe. Lieben möchten wir, ja, aber mit Vorbehalt.

Tobias Brocher zitiert in seinem Buch »Von der Schwierigkeit zu lieben« (Kreuzverlag Stuttgart 1979) den Brief eines jungen Mannes, der den Zwiespalt des menschlichen Herzens offen darlegt: »Laß dich nicht täuschen. Ich trage tausend Masken. Glaube mir nicht. Ich fürchte mich davor, mich anderen auszusetzen. Deshalb erfinde ich Masken, die mich vor deinem wissenden Blick absichern. Dabei wäre dieser Blick meine Rettung. So spiele ich mein Spiel: eine sichere Fassade nach außen und ein zitterndes Kind nach innen. Bitte, versuche, diese Mauern einzureißen, aber mit zarten Händen!«

»Bitte, versuche, diese Mauern einzureißen, aber mir zarten Händen.« Sie sind dick, und die verkrampften Hände öffnen sich nur schwer. Wer möchte schon gern das Gesicht verlieren, Schwächen zeigen, seine »Freiheit« preisgeben? Lieben mit Vorbehalt – mit einem Glauben, der Berge versetzt, mit einer Hingabe, die alles in den Schatten stellt, aber doch mit Vorbehalt! Wer befreit mich davon? »Darin besteht die Liebe: nicht, daß wir Gott geliebt haben, sondern daß er uns geliebt hat und gesandt seinen Sohn zur Versöhnung für unsere Sünden.« (1. Joh. 4, 10)

Wenn Gott mir seine Liebe anbietet, dann muß ich ihm viel bedeuten. Wer hat nicht schon die beglükkende Erfahrung gemacht, daß ein älterer, hoch geachteter Mensch einem das freundschaftliche Du anbietet! So handelt Gott mit uns. Erkenne ich den Wert an, den Gott mir zumißt, dann kann ich auch Frieden machen innerhalb der Mauer meiner menschlichen Verkrampfung. Meine Selbstüberhebung und mein »Selbsthaß« darf dann zur Ruhe kommen. Ich kann mich fallen lassen und zu Ihm sagen: »Hab Dank, daß du mich so wertschätzt. Ich brauche nicht mehr ein Soll in der Liebe zu erfüllen, sondern ich darf mich des Geschenkes freuen.« Gott sagt mir: »Laßt es euch gefallen, wenn ich die Mauern der Verkrustung, die ihr um euer Herz gelegt habt, einreiße.« Wir können uns nicht öffnen, aber Gott kann es.

Vor einigen Jahren war ein Vertreter jenes oben erwähnten Volkes, ein Ureinwohner Australiens, in Deutschland. Er hielt Vorträge in verschiedenen Gemeinden. In einer Schule wurde ihm von den Kindern die Frage gestellt: »Warum sind Sie Christ geworden?« Seine Antwort war: »Weil ich erfahren habe, daß es jemand gibt, der mich mehr liebt als meine Eltern.« So handelt Gott.

29.
Unterwegs zur einen Welt

Wenn ich sehe den Himmel, deiner Finger Werk, den Mond und die Sterne, die du bereitet hast: Was ist der Mensch, daß du seiner gedenkst, und des Menschen Kind, daß du dich seiner annimmst? Du hast ihn wenig niedriger gemacht denn Gott, mit Ehre und Schmuck hast du ihn gekrönt. Du hast ihn zum Herrn gemacht über deiner Hände Werk; alles hast du unter seine Füße getan. *Psalm 8, 4–7*

Seit den Tagen, da dieser »Psalm Davids« gedichtet wurde, sind fast 3000 Jahre vergangen. Ein langer Weg. »Du hast ihn zum Herrn gemacht über deiner Hände Werk; alles hast du unter seine Füße getan.« Wahrlich, ein umfassender Auftrag! Er wurde in der Vergangenheit nicht immer in seiner weltumspannenden Bedeutung erkannt. Nicht einmal in unserer begrenzten Umwelt sind wir verläßliche Hüter der guten Schöpfung Gottes gewesen: »Füllet die Erde und machet sie euch untertan!« Mit dieser Berufung wurde der Mensch nicht nur Wahrer der ihm anvertrauten Erde, sondern zugleich »Mitschöpfer Gottes«. – »Du hast ihn wenig niedriger gemacht denn Gott.« Ist nicht jedes Kind in seiner Einmaligkeit eine Wiederholung des Schöpfungsaktes Gottes?

Auf seinem Weg über die Erde, ausgerüstet mit dem Wunder der Sprache und der ihm von Gott verliehenen Gabe der »Neugierde«, hat der Mensch den Schöpfungsakt Gottes in tausendfältiger Weise nachvollzogen, Meere, Wüsten und Urwälder erforscht, die fernsten Länder besiedelt und der Natur ihre Geheimnisse abgelauscht. Er hat Erfindungen und Entdeckungen von großer Bedeutung auf dem Gebiete der Humanwissenschaft und der Technik gemacht und ist dabei den Grenzen menschlicher Erkenntnis und Machbarkeit nahe gekommen. Wird ihn diese Erkenntnis zugleich zur Demut führen, die ihn sagen läßt – in Anlehnung an Luther – »Ich glaube, daß ich nicht aus eigener Vernunft noch Kraft meinen göttlichen Auftrag erfüllen kann«? Wird sie ihn zur Einsicht führen, daß die Erforschung der ihm zugeteilten Erde zum Fluch werden kann, wenn dabei ihre Bewahrung vergessen wird?

Wir sind unterwegs zur einen Welt. Dieser Ablauf der Geschichte ist unaufhaltbar. Nicht nur wir als die hauptsächlichen Vertreter eines ungezügelten Wachstumsglaubens sind davon betroffen. Betroffen sind alle Menschen, auch die sogenannten »Unterentwickelten«, ja die ganze Schöpfung Gottes. Wer könnte hier noch guten Gewissens sagen: »Soll ich meines Bruders Hüter sein?«

Es geht um Leben oder Tod, Entwicklung oder Zerstörung. Nicht mehr die Harmonie der Schöpfung steht im Mittelpunkt unseres Denkens, sondern ihre Ausbeutung, nicht der Mensch, sondern die Güter, die er produziert. Die Grundlagen unserer Existenz, Erde, Luft und Wasser, die der Schöpfer uns kostenlos zur Verfügung stellt, werden als ein uns zukommendes Anrecht angesehen. Die gute Mutter Erde wird zum Selbstbedienungsladen, den man je nach Lust und Laune ausraubt.

Einige wahllos herausgegriffene Beispiele mögen dies verdeutlichen.
Die Landwirtschaftsabteilung der Vereinten Nationen in Rom schätzt, daß zur Zeit jedes Jahr 160000 Quadratkilometer Tropenwald durch Brandrodung vernichtet werden. Wenn dem nicht Einhalt geboten wird, sind in 60 Jahren alle tropischen Urwälder abgeholzt. Die damit verbundenen Klimaveränderungen sind unabsehbar. Die Sahelzone ist ein Beispiel dafür.
Zur Zeit geben die Staaten der Erde rund 500 Milliarden Dollar pro Jahr für ihre Rüstung aus. Andererseits leben Millionen von Menschen in unmenschlichen Unterkünften. Die Kosten eines einzigen Panzers betragen etwa eine Million Dollar. Damit könnten 1000 einfache Wohnungen gebaut werden. Hunderttausende von blühenden Handwerksbetrieben in der Dritten Welt – man denke nur an die indische Webkunst – wurden durch billige europäische Einfuhren vernichtet. Die Nachkommen dieser Handwerker fristen heute ihr Leben in den Elendsvierteln ihrer Großstädte.
In der Landwirtschaft hat die Einführung der Monokulturen zu tiefgreifenden Veränderungen und Unsicherheiten geführt. Ein Beispiel dafür ist für mich das Gorokatal in Papua-Neuguinea mit seiner einstmals autarken Landwirtschaft. Infolge der Förderung des Kaffeeanbaues und des damit verbundenen Fortschrittsrausches war man plötzlich gezwungen, in diesem fruchtbaren Tal Reis von Australien einzuführen, um Hungersnöte zu vermeiden.
Auf der Insel Kar-Kar lebten im Jahre 1946 rund

8000 Menschen. Heute sind es infolge besserer medizinischer Versorgung 25000. Bald wird das Land nicht mehr reichen, sie zu ernähren.
Diese Aufzählung könnte man beliebig fortführen. Dabei ist die Lage, falls die Menschheit zur Umkehr bereit wäre, keineswegs hoffnungslos. Unsere Erde bietet genug Schätze, um die Bedürfnisse jedes Menschen zu befriedigen, nicht aber seine Habsucht. Millionen von Menschen in der Dritten Welt – wie bei uns – wurden im Namen des »Fortschritts« zu mehr Konsum ermuntert. Dadurch wurden sie abhängig von äußeren Mächten und internationalen Sachzwängen. Wir haben sie damit in unsere Systeme eingebunden, ohne ihnen einen Ersatz zu bieten für ihre Wälder und ihre kostbare Erde.
Die Frage, der wir uns zu stellen haben, ist: Wird der Mensch sich selbst und seiner Umwelt ein Ende setzen? Die Noahgeschichte kann uns hier einen Hinweis geben. Wohl könnte es sein, daß Gott eine aufsässig gewordene Generation sich selbst überläßt. Dafür haben wir genug Beispiele in der Menschheitsgeschichte. Eines aber wissen wir: Gott läßt seine Erde nicht los. Er überläßt sie nicht den Menschen, nicht einer verantwortungslosen Gesellschaft. Ihr wird, wenn sie die Bewährung nicht bestanden hat, auch der Auftrag der Bewahrung entzogen.
Wir wissen und glauben fest daran, daß das Rad dieser Welt nicht durch die Menschen, sondern durch Gott in Gang gehalten wird. Wahr ist, es geht um Leben oder Tod, und wahr ist auch, daß der »Freund des Lebens« zu denen stehen wird, die das Leben bejahen. Wir fragen nach Rezepten, die das Überle-

ben sichern. Sie sind uns gegeben in der Heiligen Schrift, und sie sind auch dem Ärmsten ins Herz gepflanzt: Einfacher leben, damit andere überleben. Den Frieden suchen und ihm dienen, Schützer und Bewahrer des Lebens in all seiner Gestalt zu werden. »Du hast ihn zum Herrn gemacht über deiner Hände Werk.« Die »Ausführungsbestimmungen« zu dieser Mitarbeit an seinem Werk werden uns heute in tausendfacher Weise angeboten. Wir müssen uns nur die Mühe machen, sie ernst zu nehmen. Wenn irgendwo das Wort Jesu angebracht ist: »Wo diese werden schweigen, so werden die Steine schreien«, so ist es hier. Ich bin traurig, wenn sogenannte fromme Leute so sprachlos werden, wo es um Schöpfung, Erhaltung und irdische Dinge geht, während ihnen der Mund überfließt, wenn sie auf die eigene Heilsgewißheit zu sprechen kommen. Freuen wir uns, daß uns Gott die Mitverantwortung für seine wunderbare Schöpfung noch nicht entzogen hat.

30.
Er hat mich in Besitz genommen

Nach diesem will ich meinen Geist ausgießen über alles Fleisch, und eure Söhne und Töchter sollen weissagen, eure Ältesten sollen Träume haben, und eure Jünglinge sollen Gesichte sehen. *Joel 3, 1*

Dies ist die Geschichte des alten Evangelisten Raunuwe Rasowe, erzählt von seinem Sohn Ray Rasowe, dem derzeitigen Stellvertreter des leitenden Bischofs der Evangelisch-Lutherischen Kirche von Papua-Neuguinea. Fast erscheint sie uns wie eine Fortschreibung der Apostelgeschichte:

Mein Vater hatte bis zur Ankunft des Evangelisten Sigajong im Jahre 1947 nichts vom Evangelium gehört. Doch faszinierte ihn sowohl der Bote als auch die Botschaft. Wir wohnten im tiefen Inland, und der Bote kam vom 300 Kilometer entfernten Sattelberg. »Wie kann ein Mensch sich so weit von seinem Dorf entfernen, um eine Botschaft weiterzugeben? Der Mann muß von seinem Gott verzaubert sein. Er sieht aus wie wir, aber er ist anders«, so pflegte mein Vater zu sagen. Es ließ ihm keine Ruhe, und er zog in das nächste Dorf, wo der Fremdling wohnte. Bald nahm er Unterricht bei ihm. Kam mein Vater nach Hause, dann erzählte er uns, was er gehört hatte. Es war eine spannende Zeit für uns alle.

Im Jahre 1953 wurde mein Vater getauft. Er gehörte zur ersten Gruppe der Täuflinge aus unserem Stamm, der am Bena-Fluß wohnt. Die Männer, die getauft worden waren, beschlossen, fortan jede

freie Zeit dafür zu verwenden, die Gottesbotschaft in den umliegenden Dörfern zu verkünden. Das wurde für sie zum Lebenszweck. Sie erzählten den Unwissenden biblische Geschichten, lehrten sie beten und übten mit ihnen neue Lieder ein. Sigajong aber, der Evangelist, wußte, wie ungeschickt diese Männer noch waren. Um zu vermeiden, daß sie irgendeinen Unsinn weitergaben, mußten sie immer wieder zu ihm gehen und »vor seinem Angesicht« wiederholen, was sie den Heiden erzählt hatten. Er korrigierte sie.
Mein Vater war immer ein führender Mann unseres Stammes gewesen. Hier aber wurde ihm bewußt, daß er zu wenig wußte, um ein guter Bote des Evangeliums zu sein. Als daher einmal eine große Versammlung auf der Missionsstation Asaroka stattfand, faßte er sich ein Herz, den großen Männern der christlichen Gemeinde zu sagen, was ihn bewegte. Er stieg die Leiter zur großen Kanzel, die im Freien aufgebaut war, hinauf und sagte: »Ihr Männer und Frauen, ihr seid reich, denn ihr habt viele gelehrte Pastoren und Evangelisten. Wir aber draußen im Grasland sind arm. Schickt uns einen eurer gelehrten Evangelisten, der lesen und schreiben kann. Wir haben niemand, der die Bibel lesen kann.« Die Leute, die unten saßen, schrien zu ihm hinauf: »Geh herunter von deiner Leiter. Wir haben selbst zu wenig Evangelisten. Was sollen die bei euch draußen im Grasland schon anfangen? Sollen sie den Erdferkeln und dem Steppengras predigen?«
Mein Vater stieg beschämt herab und trug diese Schmach viele Monate in seinem Herzen. Immer

dachte er an diese Zurechtweisung. Eines Nachts träumte er und sah eine Hand, die reichte ihm eine Fackel und sagte: »Rasowe, hier ist eine Fackel. Nimm sie und gib sie weiter.« Mein Vater, der mir diesen Traum erzählte, setzte hinzu: »Da wußte ich, daß Gott zu mir gesprochen hatte. Nicht mehr länger sollte ich auf andere Boten warten, sondern ich selbst sollte die Botschaft weitertragen.«

In dieser Stunde ist meinem Vater sein Vorname, den er sich bei der Taufe gewählt hatte, erst zum Besitz geworden. Er heißt Raunuwe, zu deutsch »Er hat mich in Besitz genommen«. Gott hatte ihn in Besitz genommen, und so wurde er zum Missionar der fünf Dörfer am Unterlauf des Bena-Flusses. In dieser Zeit tat er das Gelübde, daß immer ein Sohn der Familie ein Diener Gottes werden müsse.

31.
Ein Beichtspiegel

Zu dieser Zeit kam Johannes der Täufer und predigte in der Wüste von Judäa: »Tut Buße, denn das Himmelreich ist nahe herbeigekommen! Denn dieser ist's, von dem durch den Propheten Jesaja gesagt worden ist »Es ist die Stimme eines Predigers in der Wüste: Bereitet dem Herrn den Weg und macht seine Steige eben!« Johannes hatte ein Gewand aus Kamelhaaren an und einen ledernen Gürtel um; seine Speise waren Heuschrecken und wilder Honig. Da gingen zu ihm hinaus die Stadt Jerusalem und ganz Judäa und alle Länder am Jordan, ließen sich im Jordan von ihm taufen und bekannten dabei ihre Sünden. Als er nun sah, daß viele Pharisäer und Sadduzäer zu ihm zur Taufe kamen, sagte er zu ihnen: »Ihr Schlangenbrut, wer hat denn euch versichert, daß ihr dem zukünftigen Zorn entrinnen werdet? Darum bringt rechtschaffene Frucht der Buße! Denkt nur nicht, daß ihr bei euch sagen könnt: Wir haben Abraham zum Vater. Denn ich sage euch: Gott vermag dem Abraham aus diesen Steinen Kinder zu erwecken.« *Matthäus 3, 1–9*

Einer Gruppe von weißen Missionaren galt im Jahre 1972 eine Auslegung des obigen Bibelabschnittes durch den einheimischen Kirchenführer Mufuanu Butik, die angesichts ihrer Lebendigkeit den Beteiligten unvergessen bleibt. Bei der Wiedergabe in deutscher Sprache habe ich versucht, die ursprüngliche, bildhafte Ausdrucksweise soweit als möglich beizubehalten. Mufuanu unterteilte seine Bibelarbeit in sieben Abschnitte.

1. Auf Johannes lag Gottes Verheißung schon vor seiner Geburt. Ihr könnt das in Lukas 1, 16–17 nachlesen. So wie Johannes schon vor seiner Geburt unter Gottes Verheißung stand, so hat Gott es auch mit euch gehalten. Ihr solltet einmal zu uns kommen. Das stand schon vor eurer Geburt fest. Es muß euch ein Trost sein. Ihr könnt Gott immer entgegenhalten: »Du hast mich gesandt. Ich verrichte nur deine Arbeit.« Nehmt es aber zugleich als eine Mahnung, nur Gottes Arbeit zu tun und nicht eure. Gott hat für euch einen Fahrplan aufgestellt. Richtet euch danach und arbeitet nicht nach eigenen Plänen. Denn darauf ruht sein Segen nicht.

2. Johannes predigte in der Wüste. Die Wüste ist still. Da gibt es keine Autos und keine Radios. Sie ist das Klassenzimmer Gottes. Dort hört man keine Nebengeräusche wie auf einem Marktplatz. Auch Jesus ging in die Wüste, um zu beten und sich Kraft zu holen. Mein Schwiegervater war Evangelist unter den wilden Heiden im Inland und stand oft in großer Gefahr. Von ihm erzählt meine Frau, daß er oft stundenlang nachts unter einem Baum gebetet hat. Das war seine Wüste. Da schöpfte er Kraft für seine Arbeit. Woraus schöpfen wir Kraft? Etwa aus den Sitzungsprotokollen der vielen kirchlichen Ausschüsse?

3. Bekehrt Euch! Einst gab es bei uns eine große Erweckungsbewegung. Die Menschen strömten zusammen und bekannten ihre Sünden. Es war wie ein großes Feuer mitten auf dem Dorfplatz. Jetzt ist das Feuer fast ausgegangen. Ihr wißt, die Schlange

legt sich gerne in die warme Asche. Das Feuer aber fürchtet sie wie den Tod. Gottes Geist allein kann das Feuer wieder entfachen. Wir aber müssen ihm beim Anzünden helfen.
4. Johannes war ein armer Knecht seines Herrn. Er hatte nichts zu essen als Heuschrecken. Früher waren wir und auch eure (missionarischen) Väter arm. Heute ist auch unser Inneres vollgefüllt mit Gütern aller Art, so daß das Evangelium keinen Platz mehr findet. Kann man in einen Sack, der bis zum Rand mit Süßkartoffeln gefüllt ist, noch etwas hineintun?
5. Die Menschen bekannten ihre Sünden. Bei uns war es früher auch so. Die ersten Christen setzten sich zusammen auf den Dorfplatz und bekannten sich gegenseitig ihre Sünden. Da konnte es vorkommen, daß ein Mann einer Frau sagte: »Ich habe in Sünde an dich gedacht. Verzeih mir.« Dann gaben sie sich die Hand, und die Versuchung war überwunden. Ohne Sündenvergebung gibt es keine Taufe.
6. Johannes taufte die, die Buße taten und ihre Sünden bekannten. Durch die Taufe Jesu aber bekam die Taufe erst ihre wirkliche Kraft. Wie man tauft, ist nicht wichtig. Der alte Keyßer hat einmal in Bolingbangeng die Täuflinge sogar unters Wasser getaucht. Wir heutigen Neuguinea-Leute bekennen unsere Sünden oft nur mit dem Mund. Und den Zeitpunkt der Taufe machen wir abhängig von den Schweinen. Erst wenn die richtig fett sind, setzen wir Tauffeiern an. So sorgen wir für die Speise und für den Leib. Die Seelenspeise vernachlässigen wir.
7. Johannes durchschaute die Pharisäer. Er nannte

sie Schlangen. Die Schlange scheut das Licht. Sie verkriecht sich in Erdlöchern. Wer aber das Licht sucht und sich zu Gott wendet, der wird von seinem Licht etwas auffangen. Früher, wenn wir uns gegenseitig von einer Bergkuppe zur anderen eine Mitteilung zukommen lassen wollten, dann setzten wir einen kleinen Spiegel der Sonne aus. Das reflektierte Licht gaben wir an unsere Freunde weiter. Wer ist denn so töricht, den Spiegel gegen sich zu halten? Wer glaubt, daß er damit das Licht weitergeben kann? Nein, nur wer sich dem Lichte Gottes aussetzt, der kann es auch weitergeben.

Mufuanu schloß seine Rede mit den Worten:

Hört, was Johannes den Pharisäern sagte:

»Denkt nicht an Abraham, denkt nicht an die vorigen Zeiten. Gott vermag dem Abraham aus diesen Steinen Kinder zu erwecken. Auch wenn ihr Missionare uns einmal verlaßt, das Wort Gottes bleibt bei uns. Jesus hat gesagt: Himmel und Erde werden vergehen, aber meine Worte werden nicht vergehen.«

32.
»Nachfolge Christi«

Morgenandacht bei einer Missionarskonferenz 1968 in Neuguinea

Denn mir scheint, Gott hat uns Apostel auf den letzten Platz gestellt wie zum Tode verurteilt. Denn wir sind ein Schauspiel geworden für die Welt, für Engel und Menschen. Wir sind Narren um Christi willen, ihr aber seid klug in Christus; wir schwach, ihr aber stark; ihr herrlich, wir aber verachtet. Bis auf diese Stunde leiden wir Hunger und Durst, sind dürftig gekleidet, werden geschlagen und haben keine feste Bleibe und mühen uns ab mit unserer Hände Arbeit. Man schmäht uns, so segnen wir; man verfolgt uns, so dulden wir's; man beschimpft uns, so reden wir freundlich. Wir sind wie der Abschaum der Menschheit geworden, jedermanns Kehrricht bis heute. Nicht, um euch zu beschämen, schreibe ich dies, sondern ich ermahne euch als meine lieben Kinder. Denn wenn ihr auch zehntausend Aufseher hättet in Christus, so habt ihr doch nicht viele Väter; denn ich habe euch gezeugt in Christus Jesus durch das Evangelium. Darum ermahne ich euch: Seid meine Nachfolger.

1. Korinther 4, 9–16

So schreibt der »Missionar« Paulus an die Gemeinde in Korinth. Dürfen wir Vergleiche ziehen? Unsere Situation ist doch grundverschieden von der des »Kollegen« Paulus! Wo finden wir uns in diesem Text wieder?

Kürzlich hatte ich ein Gespräch mit einem Neuguineer. Er sagte mir: »Ihr Weißen seid stark; wir sind schwach. Ihr seid reich und mächtig, wir aber sind wie Abfall. Auf euch ruht Gottes Segen, während wir die Enttäuschung und einen Fehlschlag nach dem anderen erleben.« Wer die verschlüsselte Redeweise der Neuguineer kennt, weiß, daß dieser Mann sich bewußt »klein« gemacht hat.
Die Fragen, die mit dem Schriftabschnitt an uns gerichtet werden, sind unüberhörbar. Der soziale und kulturelle Unterschied zwischen uns und dem Volk, dem wir das Evangelium zu bringen haben, ist gewaltig. Vor einiger Zeit bekam meine Frau Besuch von Frauen aus dem Hinterland von Sattelberg. Sie lud sie ein, in unserem Wohnzimmer Platz zu nehmen. Im Laufe des Gesprächs sagten sie: »So schön, wie dein Wohnzimmer ist, stellen wir uns den Himmel vor.« Nun kann niemand behaupten, daß wir ein besonders luxuriös eingerichtetes Wohnzimmer hätten.
Den »Armen« das Evangelium predigen! Wie schwer ist das für uns »Reiche« doch! Wir stehen eben nun einmal nicht auf dem letzten Platz. Wir sind kein Schauspiel für die Welt, in der wir leben. Im Gegenteil, wir rechnen uns zur Führungsschicht. Wir gelten nicht als Dummköpfe. Selbst die missionarische Organisation, die wir aufgebaut haben, kann sich sehen lassen. Sollen wir uns dessen, was wir sind, schämen und den Neuguineern gleich zu werden versuchen? Wir könnten es gar nicht, auch wenn wir wollten. Wir können den Zeiger unserer eigenen Entwicklung nicht tausend Jahre zurückdrehen.

Der Apostel Paulus schüttet in diesem Text seinen ganzen Sarkasmus über die Korinther aus, die sich wohl auch reich, gescheit und überlegen fühlten. Er hat auch Grund dazu. In den vorhergehenden Versen steht der bekannte Satz: »Was hast du, das du nicht empfangen hast?« Auf uns angewandt, bedeutet es: »Was habt ihr Missionare, das ihr nicht empfangen habt an Wissen, Finanzen und ›Überlegenheit‹?« Gedanklich erkennen wir diese Mahnung alle an. Die Schwierigkeit beginnt bei der praktischen Anwendung. Wie oft klappt es einfach nicht, wenn unsere einheimischen Mitarbeiter etwas zu organisieren haben. Wer hat sich nicht schon dabei ertappt, eine gewisse innere Genugtuung dabei zu empfinden! Ja, wenn wir nicht wären, wo kämen »die« hin! Nichts würde mehr laufen. Vielleicht sind wir auch enttäuscht und fragen uns, wie das wohl weitergeht. Sollen wir alles laufen lassen, wie es läuft? Wir sind in der Tat in keiner beneidenswerten Lage. Tun wir zu viel, dann rauben wir unseren Mitarbeitern jede Initiative. Tun wir zu wenig, dann passiert oft überhaupt nichts mehr. Könnte uns der Paulus-Text eine Hilfe sein?
In den Versen 14–16 beschwört der Apostel die zuvor getadelten Korinther. Er sagt ihnen: Alle »Aufseher« helfen euch nichts. Ich habe euch gezeugt. Ihr seid meine Kinder; folgt mir nach! Mir fällt dabei auf, daß der Apostel einen Unterschied macht zwischen Vätern und Aufsehern. Wie hört sich das aber an, wenn jemand sich selbst als Vorbild hinstellt? Wüßte man nicht, daß derselbe Apostel im Galaterbrief sagt: »Nun lebe nicht mehr ich, sondern Christus lebt in mir« (Gal. 2, 20), dann könnte man ihn

für hochmütig halten. Die ganze Ironie, die Paulus den Korinthern ins Gesicht wirft, bekommt eine andere Bedeutung, wenn wir dazu hören, was er über die Schwachheit zu sagen hat. »Darum will ich mich am allermeisten rühmen meiner Schwachheit, auf daß die Kraft Christi in mir wohne.« (2. Kor. 12, 9) Er rühmt sich seiner Schwachheit. Hier liegt wohl auch das letzte Geheimnis seines missionarischen Erfolges.

Seid meine Nachfolger! Was könnte das bei uns bedeuten? Sind wir glaubwürdig in unserem Verhalten? Sicher, wir können uns nicht ärmer machen oder dümmer tun, als wir sind. Die Neuguineer können auch nicht innerhalb einiger Jahre tausend Jahre überspringen. Die Kluft ist da. Zwar gibt es eine Anzahl von Rezepten. Sie lösen aber das Problem nicht. Man kann so leben, daß der Unterschied erträglicher wird. Man kann sich herunterhalten zu den »Niedrigen«. Meistens aber sind solche Anläufe nur von kurzer Dauer und für die anderen auch reichlich durchsichtig. Es fällt uns Weißen einfach schwer, unseren braunen Freunden gegenüber Niedrigkeit zu praktizieren. Meistens werden wir ja auch von ihnen in unsere Rolle der Überlegenheit hineingedrängt.

Die Frage, der wir uns heute zu stellen haben, lautet anders. Wo liegen die Prioritäten unserer Arbeit? Haben wir nicht in den letzten Jahrzehnten geplant, gebaut, organisiert, erweitert und wieder gebaut? Ich sage das selbstkritisch. Und was geschah? Wir wurden imitiert. Die Neuguineer wurden unsere Nachfolger. Überall entstanden Kirchen und Schulen. Gut so!

Wie aber ist es mit dem geistlichen Vorbild? Kürzlich besichtigte ich eine Kirche, die vor etwa zwölf Monaten eingeweiht worden war. Immer noch hingen, von der Einweihung her, die verwelkten Girlanden im Kirchenschiff. Die Bänke waren dick mit Staub bedeckt.

Man ist in diesem Lande nicht gegen die Kirche. Sie gehört zum »Establishment«, wie auch wir dazu gehören. Wir können allerdings nicht leugnen, bildlich gesprochen, daß sie nicht mehr »mitten im Dorf« steht. In unseren Jahresberichten beklagen wir uns über Güterkult, Alkoholismus, Streben nach Reichtum, Fortschritt, kurzum nach »vergänglichen« Werten.

Was tun? Kürzlich bekam ich den Brief eines jungen Pfarrers, der davon sprach, wie schwer es heute sei, das Evangelium an den Mann zu bringen. Ich konnte nur schreiben: »Wenn Sie wollen, daß die Leute Ihnen das abnehmen, was Sie sagen, dann ist die erste Voraussetzung, daß Sie selbst daran glauben.« Das ist banal, aber es trifft auch auf unsere Situation zu. Vielleicht liegen unsere Aufgaben in der Zukunft mehr in den persönlichen Gesprächen. Mehr beten und weniger verwalten. Damit ist möglicherweise nicht viel Ehre einzulegen. »Was tut's aber? Daß nur Christus verkündigt werde allerleiweise.« (Phil. 1, 18)

Seid meine Nachfolger, das könnte bedeuten, daß wir uns in Zukunft mehr um den Inhalt und weniger um das Gefäß zu kümmern haben. Gott helfe uns zur rechten Nachfolge.

33.
Wider die Furcht

»Fürchte dich nicht! Ich bin der Erste und der Letzte und der Lebendige. Ich war tot, und siehe, ich lebe von Ewigkeit zu Ewigkeit und habe die Schlüssel zu Tod und Hölle.« *Offenbarung 1, 17. 18*

Wenn man durch die Straßen einer deutschen Stadt geht, etwa um die Ferienzeit, dann begegnet man den Gesichtern von vielen eiligen, fröhlichen und zufriedenen Menschen. In der Tat, an einem schönen Sommertag erscheint der Text unzeitgemäß. Wir wissen, daß der Schein trügt. Noch nie haben so viele Spielarten von Furcht, Zukunftsangst und Unsicherheit so weite Kreise unseres Volkes beunruhigt wie heute. Furcht vor einem neuen Krieg, vor der Atombombe, den Russen, dem Terror, der Arbeitslosigkeit und vor sozialen Unruhen sitzt den Leuten im Nacken. An sich genügten uns unsere persönlichen Ängste, mit denen wir vielleicht den Tag oder die Woche beginnen. Die Furcht vor dem Versagen, dem Chef, den schlechten Noten, den ekligen Nachbarn, Furcht vor Krebs, alles das sind ja tägliche Wirklichkeiten.
»Fürchte dich nicht, ich bin der Erste und der Letzte!« Ist dies vielleicht ein Rezept wider die Furcht? Ist das Ganze so einfach, daß man es mit einem Bibelwort befriedigen könnte? Kann man die Furcht abstellen? Unsere Erfahrung sagt nein. Ich muß hier eine Geschichte erzählen, die mir vor vielen Jahren in Neuguinea passiert ist.

Es war an einem Sonnabend. Ich war auf einer Dienstreise mit dem kleinen »Cessna«-Sportflugzeug. Da wir schon eine Woche unterwegs waren, wollten sowohl der Pilot als auch ich nach Hause. Doch das Wetter war gegen uns. Es regnete in Strömen, und trübselig saßen wir auf einem kleinen Flugplatz im Hochland von Papua-Neuguinea fest. Als es etwas heller zu werden schien, stiegen wir auf. Es wurde der furchtbarste Flug, den ich je in meinem Leben durchzumachen hatte. Zurück konnten wir nicht mehr, denn hinter uns hatten sich die Wolkenbänke geschlossen, und auch vor uns lag eine schwarze Wand. Unter uns aber stiegen zerklüftete Berge von einer Höhe bis zu 3000 Meter auf. Mich überfiel die Furcht wie ein reißendes Tier. Beten konnte ich nicht. Meine Gedanken gingen im Kreis herum wie das kleine Flugzeug. Sollte das nun das Ende sein?
Über das Bordradio hörten wir, daß infolge der Schlechtwetterfront ein Flugplatz nach dem anderen geschlossen wurde. Der Pilot hatte zu Hause eine junge Frau und zwei kleine Kinder. Auch er war machtlos und konnte nichts weiter tun, als die kleine Maschine in der Luft zu halten. Ich muß wohl doch gebetet haben, denn plötzlich durchfuhr mich der Gedanke: Warum läßt du dich eigentlich nicht fallen? In die Hände Gottes fallen! War das, was du bisher gehört, gelesen und gesprochen hast, nur Theorie? In die Hände Gottes fallen! War ich wirklich bereit, dies zu tun?
Statt auf das Wetter und die Wolken und das Dröhnen des Motors zu lauschen, sammelten sich Gedanken und Bilder, die irgendwo im Verborgenen

gelegen hatten. Mir fiel die Geschichte von der Stillung des Sturmes ein, und ich muß laut gesprochen haben: »O ihr Kleingläubigen, warum seid ihr so furchtsam?«

Der Pilot sah zu mir herüber und lächelte. Die Spannung war vorbei. Wir waren noch nicht aus der »Waschküche« heraus, wie die Piloten zu sagen pflegen, hatten aber den Sprung ins Ungewisse getan und waren von einem Netz aufgefangen worden.

Ich erzähle die Geschichte nicht, indem ich ihr den Rang einer Gebetserhörung zumesse. Ich weiß ja nicht, ob ich Gott durch dieses Stammeln wirklich veranlaßt habe, uns vom Tod zu erretten. Die Erfahrung dieser Stunde lag vielmehr darin, daß ich es nicht mehr selbst schaffen wollte, etwa durch meine eigene Kraft, durch Gelöbnis oder Gebet, sondern daß Gott mir geholfen hat, mich in seine Hände fallen zu lassen. Glaube ist ja wohl immer ein Sprung ins Ungewisse; wäre er das nicht, dann wäre es kein Glaube. Glauben heißt, einen Sprung in die Arme dessen tun, der gesagt hat: »Fürchte dich nicht; ich bin der Erste und der Letzte und der Lebendige.« – Ich habe dich einst, als du noch im Mutterleibe warst, aus der Ungewißheit herausgerufen ins Licht, und ich begleite dich bis zu deinem letzten Gang, denn ich habe auch die Schlüssel des Todes.

Sicher ist die eben beschriebene Erfahrung eine Ausnahme. Doch bleibt wohl keinem Menschen die Begegnung mit der Furcht erspart. Es gibt kein Leben ohne diese Konturen. Furcht und Leid und Schmerz werden uns nicht erspart bleiben, doch unsere Situation ist nie hoffnungslos. Wir glauben dem Wort dessen, der gesagt hat: »Ich bin der Erste und der Letzte und der Lebendige!« Damit sollte sichs leben lassen, auch dann einmal, wenn es zum Sterben geht.

34.
Der Dienst der Frauen

Maria aber behielt alle diese Worte und bewegte sie in ihrem Herzen. *Lukas 2, 19*

Gleich zweimal steht dieser Satz im 2. Kapitel des Lukas-Evangeliums. Einmal unmittelbar nach der Anbetung der Hirten und dann wieder, nachdem der zwölfjährige Sohn der Maria Zeugnis von seiner Herkunft abgelegt hatte. Ein drittes Mal finden wir ihn in ähnlicher Form in der Geschichte der beiden Schwestern von Bethanien. Martha, die sich über die Untätigkeit ihrer Schwester beklagte, mußte sich von Jesus sagen lassen: »Eins aber ist not. Maria hat das gute Teil erwähnt, das soll nicht von ihr genommen werden!« (Luk. 10, 42)
Maria aber bewahrte diese Worte in ihrem Herzen! Wo wäre die Kirche Christi geblieben ohne das bewahrende Element der Frauen! Mit Bewegung lesen wir Berichte über das Überleben des Christentums in Rußland. Es waren die Großmütter, die die gute Botschaft in ihren Herzen bewahrten und an die Enkel weitergaben.
Aus Neuguinea sowohl als auch aus Tansania wissen wir, daß die Frauenwelt dieser Länder nicht nur in besonderer Weise aufnahmebereit ist, sondern auch einen wesentlichen Anteil an der Ausbreitung des Wortes Gottes hat. Frauengruppen in Tansania legen Gärten an, verkaufen die Produkte und bauen mit dem Geld kleine Kirchen in fernen Missionsgebieten, ja, sie unternehmen sogar Missionsreisen.

Über die Frauenarbeit in Neuguinea schreibt Missionar Jürgen Trantow: »Die Frauenbewegung hin zum Evangelium fußt auf sehr solider Grundlage. Die Männer spenden ihren Frauen hohes Lob. Sie sagen: Wir sind abhängig von ihnen. Sie erziehen unsere Kinder, hegen unsere Gärten, halten unsere Häuser in Ordnung. Die erste Nahrung für die Kinder ist die Milch der Mütter. So ist es auch mit dem Worte Gottes. Von den Müttern hören sie es zuerst.« Trantow schreibt am Schluß seines Berichtes: »Wer die Stammesgepflogenheiten und die frühere Stellung der Frau im Heidentum kennt, der weiß, das sind umwerfende Ansichten aus dem Munde der Männer.«

Eine Neuguinea-Frau beschreibt die Stellung der Frau im Heidentum mit folgenden Worten: »Ehe Christus kam, waren wir wie Gewürm, das zertreten und ausgestoßen werden konnte.« Immer war die Welt eine Welt der Männer. Selbst auf religiösem Gebiet waren die Frauen vom Kultdienst vielfach ausgeschlossen, für seelenlos erklärt und allenfalls als Lustobjekt begehrt. Ihr Wert und ihre Bedeutung bestand in der Vermehrung der Rasse und der Aufzucht der Nachkommenschaft. Fruchtbar und kinderliebend sind ja auch Tiere, obwohl ihnen Sprache, Vernunft und Zeitbegriff abgehen.

Gerade von der Weltmission her können wir von dieser großen Freude, die allen Frauen widerfahren ist, berichten.

Der Neuguinea-Bischof Mambu Jeremiah erzählte mir von einer Frau Waram, die, obwohl eine der aufmerksamsten Zuhörerinnen der Taufklasse, nicht getauft werden konnte, weil sie in Vielehe mit

einem Manne lebte. Ihrem Mann hielt sie die Treue und er ihr. Vom Evangelium aber wollte sie ebenfalls nicht lassen. Sie besuchte drei oder vier Taufklassen und mußte jedesmal zusehen, wie ihre Mitbewerber getauft wurden.
Nach Jahren, Mambu war inzwischen schon Bischof geworden, kehrte er an den Ort seiner früheren Tätigkeit zurück und wurde dabei von dem Ortspfarrer auf diese Frau hingewiesen. Inzwischen waren 23 Jahren vergangen. Die Frau Waram war nicht müde geworden, sondern besuchte die Gottesdienste und lebte als ungetaufte Christin. Mambu erzählt, wie er in jener Nacht, bevor er sich entschloß, sie zu taufen, zu Gott gebetet hat: »Lieber Herr, jetzt werfe ich mich in die Waagschale, zusammen mit dieser Frau. Wäge Du ab, ob ich ein Unrecht begehe, wenn ich gegen das Kirchengesetz verstoße.« Am darauffolgenden Morgen, es war ein Sonntag, rief er das Ehepaar zu sich und sagte zu dem Mann: »Heute taufe ich deine Frau. Ihr Leib gehört dir, aber ihre Seele gehört ihrem Herrn Jesus Christus.« Der heidnische Mann sagte daraufhin nur »Amen«. Frau Waram legte durch ihren Wandel Zeugnis für ihren Herrn ab. Sind nicht Frauen besser ausgerüstet zur Liebe als wir Männer? Sie lieben noch, wo wir schon aufgegeben haben zu lieben, mit einer Liebe, die alles glaubt, alles hofft und alles duldet. Die Frage, die uns unser Text stellt, ist die: Was können unsere Frauen, unsere Mütter und Großmütter besonderes tun? Es wird immer Frauen und Männer geben, die die Sache Jesu in der Öffentlichkeit zu vertreten haben. Was aber hilft all das, wenn zu Hause nicht die Grundlage gelegt wird?

Hier setzt die große Aufgabe der Frauen ein. Ich sprach kürzlich einmal mit einem Religionslehrer. Er sagte mir: »Es ist erschreckend, wie wenig christliche Substanz die Kinder mitbringen. Zu Hause wird anscheinend nicht mehr gebetet. In einigen Jahren sollen wir dann lernmäßig christliches Gedankengut einpflanzen. Man kann das nicht, wenn nicht von zu Hause aus mitgearbeitet wird. Der Sinn des Konfirmandenunterrichts ist, daß es bei jungen Menschen zu einer ersten Gottesbegegnung kommt. Dazu brauchen wir die Mitarbeit vor allem der Väter und Mütter!«

Beten Sie mit Ihren Kindern und Enkeln! Erzählen Sie ihnen von Gott! Machen Sie sie vertraut mit der Gestalt Jesu! Sie geben ihnen damit eine eiserne Ration mit auf den Weg, für die Ihnen Ihre Kinder vielleicht später einmal mehr danken als für allen Reichtum, den sie erben!

»Maria aber behielt alle diese Worte und bewegte sie in ihrem Herzen.« Wir antworten mit dem Bekenntnis des Petrus: »Herr, wohin sollen wir gehen? Du hast Worte des ewigen Lebens, und wir haben geglaubt und erkannt, daß du der Heilige Gottes bist.«

35. Dein Stecken und Stab trösten mich

»Ich bin zu gering aller Barmherzigkeit und aller Treue, die du an deinem Knecht getan hast; denn ich hatte nicht mehr als diesen Stab, da ich über diesen Jordan ging, und nun bin ich zwei Heere geworden.« *1. Mose 32, 11*

Bei diesem dankerfüllten Gebet des Erzvaters Jakob denke ich an den Bischof Mambu Jeremiah in Mt. Hagen/Neuguinea. Wie Jakob, hatte auch er eine bewegte Vergangenheit hinter sich, ehe das, was er als sein »zweites Leben« bezeichnete, begann. Mambu war Goldgräber, Tellerwäscher, Lehrer, Offiziersbursche und Verkäufer in einem Chinesenladen, ehe er eine neue Richtung einschlug. Dieses »zweite Leben« begann damit, daß er, kurz nachdem er sich als Evangelist gemeldet hatte, ein Auge verlor. War das nicht ein Zeichen zum Rückzug? Nicht für Mambu. »Wir waren ein seltsames Gespann. Meine Frau hinkt, und ich hatte nur noch ein Auge«, sagte er lachend. Mambu arbeitete zuerst im Whagital als Evangelist. Dann studierte er Theologie und wurde ein »spätberufener« Pastor. Die Hochlandgemeinden erkannten seine hohen geistlichen Gaben und wählten ihn zum Synodalpräsidenten. Schließlich wurde er Distriktsbischof. Seine Amtseinführung war so ganz anders, als man sich eine »Bischofsweihe« vorstellt. Jede der Gemeinden, die ihn berufen hatten, begleitete ihn mit einem Wort des Trostes und der Vermahnung.

»Bischof Mambu, wir überreichen dir diesen Kreuzstab. Bei uns ist der Stab nicht das Zeichen des Mannes, sondern das Zeichen der Frau. Schäme dich nicht, das Zeichen der Schwäche zu tragen. Der allmächtige Gott wird diesen Stab segnen. Er ist mit dem Zeichen des Kreuzes versehen und soll dir sagen: Laß dir an meiner Gnade genügen, denn meine Kraft ist in den Schwachen mächtig.« (2. Kor. 12, 9)

»Bischof Mambu, dieser Stab soll dir sagen, daß du auf der Wanderschaft bist, so wie unser Herr auf dieser Erde ein Wanderer gewesen ist, um seine Schafe um sich zu sammeln. Mit diesem Stab übergeben wir dir die Arbeit eines Hirten. Wir rufen dich auf: Sei du ein Pastor den Pastoren, ein Evangelist den Evangelisten und ein Ältester den Ältesten. Sei stark in der Kraft Seiner Stärke, damit du deinen Mitarbeitern zurufen darfst: Seid meine Nachfolger, gleichwie ich Christi Nachfolger bin.« (1. Kor. 11, 1)

»Bischof Mambu, dieser Stab wird von unseren Frauen als Pflanzstock gebraucht. So soll er für dich ein Zeichen des Pflanzens sein. Nicht menschliches Wissen soll er einpflanzen, sondern das Wort vom Kreuz. Es soll dich mahnen: Christus hat mich gesandt, das Evangelium zu predigen, nicht mit klugen Worten, auf daß nicht das Kreuz Christi zunichte werde.« (1. Kor. 1, 17)

»Bischof Mambu, dieser Stab sei für dich ein Hirtenstab. Unsere Frauen verwenden ihn, um die Herde auf dem Weg zu halten und vor Abgründen und Feinden zu schützen. Weide die Herde und bringe sie nach Hause. Mit diesem Stab ermahnen

wir dich: Werde ein Vorbild der Herde!« (1. Petrus 5, 3) »Bischof Mambu, so wie unsere Frauen ihren Stab dazu benützen, die Früchte des Feldes zu heben und zu ernten, so soll dieser Stab dich an das Wort Jesu erinnern: Die Ernte ist groß, aber wenige sind der Arbeiter; bittet den Herrn der Ernte, daß er Arbeiter in seine Ernte sende.« (Matth. 9, 37)
Man denkt angesichts dieser Worte des Trostes und der Ermahnung aus dem Munde einer jungen Kirche unwillkürlich an die Worte Jesu: »Ich preise dich, Vater und Herr des Himmels und der Erde, daß du solches den Weisen und Klugen verborgen hast und hast es den Unmündigen offenbart.« Nicht menschliche Maßstäbe sind es, die Stütze und Halt vermitteln, sondern Gott, der Hirte und Hüter unseres Lebens. Sein Stab, das Zeichen seiner Macht, ist allein in der Lage, sicher durch das finstere Tal zu führen. Nicht das Schwert, das Zeichen menschlicher Macht, sondern sein Stecken und Stab geben dir Kraft in Schwachheit, Vertrauen in der Dunkelheit und Mut zum Bekenntnis: »Und ob ich schon wanderte im finstern Tal, fürchte ich kein Unglück; denn du bist bei mir, dein Stecken und Stab trösten mich.«

36.
Worauf ist Verlaß?

Verlasset euch stets auf den Herrn, denn Gott der Herr ist ein ewiger Fels. *Jesaja 26, 4*

Im Mai 1938 erlebten wir in Finschhafen das größte Erdbeben unserer Neuguinea-Zeit. Mitten in der Nacht erwachten wir durch ein unterirdisches Grollen und Donnern, das beleitet war von heftigen Erdstößen. Das alte, auf Pfosten stehende Haus bewegte sich hin und her wie ein Schiff auf hoher See. »Jetzt nur raus!«, rief ich meiner Frau zu. Sie packte unseren vier Monate alten Sohn und folgte mir. Kaum konnte man sich auf den Beinen halten. Um ein Haar wären Mutter und Kind die Treppe hinabgestürzt. In letzter Sekunde konnte ich sie noch auffangen. Die Palmen, unter denen unser Haus stand, schwankten, als bliese der stärkste Orkan, dabei war es windstill. Das alte Haus ächzte und stöhnte, als würde es in der nächsten Minute zusammenfallen. Seit dieser Zeit weiß ich, was es heißt, sicheren Boden unter den Fußen zu haben.
Sicheren Boden unter den Füßen! Viele Menschen, und nicht die oberflächlichen, fragen sich: Wo ist der sichere Boden? Was kommt auf uns zu? Ist es die Ruhe vor dem Sturm, die wir jetzt durchleben, so, wie die Vögel und Tiere schweigen und die Natur den Atem anhält, bevor der Sturm oder das Erdbeben losbricht? Man muß dabei nicht nur immer gebannt an das Gespenst eines Atomkrieges denken. Die Gefährdungen, denen die Menschheit heute

ausgesetzt ist, sind vielfältiger. Wir leiden – so widersprüchlich es klingt – an unserem Wachstum und sind mit den Dinosauriern zu vergleichen, die an ihrer Größe zugrunde gingen. Wir leiden nicht nur an der von uns verursachten Umweltkrise, wir leiden noch viel mehr an unserer Unfähigkeit, den Garten Eden, der uns von Gott übergeben wurde, schöpfungsgemäß zu verwalten. Wir trachten nach mehr Wirtschaftswachstum anstatt nach mehr Gerechtigkeit. Der Wirtschaftswissenschaftler Rolf Dahrendorff sagte dem Sinne nach vor einiger Zeit: »Wenn wir auch die achtziger Jahre ohne Atomkrieg überleben sollten, so droht doch der Menschheit eine große Hungerkatastrophe, an der in der Dritten Welt vielleicht zwischen 500–600 Millionen Menschen zugrunde gehen könnten.« Und beginnt dieser Prozeß der Verelendung nicht schon jetzt, etwa in Ländern wie Tansania?

Millionen von Jugendlichen haben ein besonderes Gespür für diese Gefahren entwickelt. Symptomatisch ein Gespräch mit einem jüngeren Akademiker – Mitte dreißig, sichere Stellung, gute Frau, zwei reizende Kinder. Er ist kein Modellchrist im Sinne von Kirchenleuten, aber dem Christentum zugewandt und sozial interessiert bis zu dem Punkt, daß zehn Prozent des Einkommens für die Dritte Welt gegeben werden. Im Laufe des Gesprächs, das – wie Millionen von Gesprächen – von den bekannten Themen »Polen«, »Rüstung«, »Umweltkrise«, etc. handelte, hielt er plötzlich inne und sagte: »Ja, ich habe Angst vor der Zukunft!« Dann fuhr er fort, wie um mir den Beweis dafür zu liefern, indem er sagte: »Kürzlich erwog ich, mir eine neue Uhr zuzulegen, und da ertappte ich mich bei dem Gedanken: Ja lohnt sich das überhaupt noch?« Und dieser Mann ist alles andere als ein Spinner. Für mich steht er stellvertretend für Hunderttausende seiner Generation. Sie fragen nicht nach mehr Wirtschaftswachstum, für sie steht das Überleben und der Sinn des Lebens im Mittelpunkt. Können wir Leute von der Kirche ihnen eine Antwort geben?

Kann es die Antwort der Jahreslosung 1982 sein? »Verlasset euch stets auf den Herrn, denn Gott der Herr ist ein ewiger Fels.« Wieder sehe ich ihn, den jungen Mann mit dem Zweifel, ob es sich noch lohnt, eine Uhr zu kaufen. Deutlich steht die Skepsis auf seinem Gesicht, als er sagt: »Das zu glauben, dazu gehört angesichts der uns umgebenden Rätsel dieser Welt ein sehr kühner Glaube.« Nun darf ich ihn nicht überfahren mit meinem eigenen, oft sehr brüchigen Glauben. Fast ein wenig zaghaft sage ich: »Freund, Vertrauen läßt sich nicht erklären, aber wachsen kann es. So wie Vertrauen zwischen Menschen wachsen muß, so kann auch Vertrauen zwischen Gott und Menschen wachsen. Man muß allerdings selbst etwas dazu tun. Für mich kann ich es nur mit dem Spruch sagen, den meine Mutter mir beigebracht hat: ›Der Wolken, Luft und Winden gibt Wege, Lauf und Bahn, der wird auch Wege finden, da dein Fuß gehen kann.‹ Das mag wenig erscheinen, ist aber sehr viel und muß Ihnen für diesen Tag genügen.« – »Und morgen?«, fragt er mich. – »Morgen gilt dasselbe.« – »Ja, bedeutet dies nicht, in den Tag hineinleben?« – »Ja, genau das bedeutet es, mit Gott in den Tag hineinleben. Das ist besser, als ohne ihn in den Tag hineinleben. Die Jahreslosung will uns sagen: Ihr habt einen verläßlichen Herrn. Er ist der einzig ruhende Punkt in der Erscheinungen Flucht.«

37.
Eine Gottesbegegnung

Und Jakob stand auf in der Nacht und nahm seine beiden Frauen und die beiden Mägde und die elf Söhne und zog an die Furt des Jabbok, nahm sie und führte sie über die Wasser, so daß hinüber kam, was er hatte, und blieb allein zurück. Da rang ein Mann mit ihm, bis die Morgenröte anbrach. Und als er sah, daß er ihn nicht übermochte, schlug er ihn auf das Gelenk seiner Hüfte … – Und er sprach: »Laß mich gehen, denn die Morgenröte bricht an.« Aber Jakob antwortete: »Ich lasse dich nicht, du segnest mich denn.« Er sprach: »Wie heißest du?« Er antwortete: »Jakob.« Er sprach: »Du sollst nicht mehr Jakob heißen, sondern Israel; denn du hast mit Gott und mit Menschen gekämpft und hast gewonnen.« Und Jakob fragte ihn und sprach: »Sag doch, wie heißest du?« Er aber sprach: »Warum fragst du, wie ich heiße?« Und er segnete ihn daselbst. Und Jakob nannte die Stätte Pniel; denn er sprach: »Ich habe Gott von Angesicht gesehen, und doch wurde mein Leben gerettet.« Und als er an Pniel vorüberkam, ging ihm die Sonne auf; und er hinkte an seiner Hüfte.

1. Mose 32, 23–32

Die Ereignisse jener Nacht und die dazu gehörige Vorgeschichte sind hochaktuell. Sie hören sich an wie eine Geschichte unserer Zeit. Da ist erst einmal die dramatische Nachtszene, die uns so bekannt vorkommt. Es gab wohl seit Beendigung des Zweiten Weltkrieges wenig Jahre, in denen wir menschliche Wehrlosigkeit und Ohnmacht gegenüber Mächten, die aus dem Dunkel heraus angreifen, so hautnah zu spüren bekommen haben, wie in den verflossenen Jahren. Auch der Mann, von dem hier die Rede ist, wurde aus dem Dunkel heraus angegriffen. Er kannte den Gegner nicht, der ihn angriff, aber er sollte ihn noch kennenlernen. Seit dieser Begegnung blieb nichts mehr in seinem Leben, wie es war.

Ein junger Mann flieht, da er allen Grund hat, den Zorn seines Bruders zu fürchten. Hat er ihn doch auf listige Weise um sein Erstgeburtsrecht gebracht. In der Fremde gelangt er dann zu Reichtum und Wohlstand. Die zweifelhaften Methoden, die er dabei angewandt hat, bringen ihn in Konflikt mit der Familie, in die er eingeheiratet hatte. Er flieht unter Mitnahme seiner Frauen und Kinder und der ganzen Habe, die er erworben hat. Begleitet von einer Heersäule und Tausenden Stück Vieh zieht er der Heimat zu, in der stillen Hoffnung, daß inzwischen Gras über die alte Schuld gewachsen ist.

Noch auf dem Wege erfährt er, daß sein Bruder Esau ihm mit 400 Mann entgegenkommt. Da wird ihm bewußt, daß er allen Grund hat, die Rache seines Bruders zu fürchten. Die alte Sache scheint noch nicht vergessen zu sein. Jakob ist ein Realist. Er war es immer. Er teilt seinen Besitz an Rindern, Schafen, Kamelen und Eseln in zwei Haufen. Er sagt sich: »Wenn Esau über das eine Lager kommt und es vernichtet, so wird das andere entrinnen.« Berechnend, wie er nun einmal ist, schickt er dem Bruder etwa 500 Stück Vieh als Friedensangebot entgegen. Nachdem er so, wie er glaubt, alle Vorsichtsmaß-

nahmen getroffen hat, bringt er schnell noch seine Familie in Sicherheit. Das alles tut er, bevor es zu jener denkwürdigen Begegnung kommt, wie unsere Geschichte sie erzählt.
Bisher war sein Leben auf einer Lüge aufgebaut. Seinen Wohlstand hatte er nicht immer auf rechtmäßige Weise erworben. In der Auswahl seiner Mittel war er nicht zimperlich gewesen. Da steht er nun im Dunkel der Nacht. Jetzt, da er im Begriff ist, den Boden der Heimat zu betreten, ist er mutterseelenallein. Alles hat er vorausgeschickt: seine Herden, seine Frauen, seine Kinder und seine Knechte. Zurück kann er nicht. Und die Flucht nach vorne kann er auch nicht antreten, denn da erwartet ihn ja sein Bruder. So ist er allein mit seiner Vergangenheit, voll Schuld und Erfolg, aber auch allein mit seinen Hoffnungen und Wünschen. Die Begegnung, die ihn nun erwartet, muß er allein durchstehen.
In dieser Situation wird er von einer ihm unbekannten Macht überfallen. Es kommt zum Kampf, und das Ringen währt bis an den Morgen. Jakob läßt nicht nach. Es geht ums Leben. Und dann verspürt er einen Schlag, daß ihm Hören und Sehen vergeht. Bisher war ja immer alles nach seinem Willen gegangen. Diesmal ist er unterlegen. Und genau in dieser aussichtslosen Lage erst erkennt er seinen Gegner. Gott, der ganz Andere, der Unheimliche, hat ihn angerührt. Von Gott angerührt, versinkt alles, was sein bisheriges Leben bestimmt hat. Sein Stolz, seine Schuld, seine ganze Jämmerlichkeit vergehen wie der Morgennebel vor der aufgehenden Sonne. Gott sagt zu ihm: Laß mich los! Die Morgenröte zieht herauf. Ich muß im Dunkel bleiben,

denn kein Mensch kann meinen Anblick ertragen. Jakob aber ruft in höchster Verzweiflung: »Ich lasse dich nicht, du segnest mich denn.« Nicht der erschlichene Segen seines Vaters soll hinfort sein Leben bestimmen, sondern der Segen des großen Unbekannten. In der Stunde seiner Niederlage bekommt er die Antwort Gottes: »Du brauchst nicht mehr Jakob, der Betrüger, zu heißen, sondern darfst dich Israel, der Gottesstreiter, nennen. Ich mache einen Schlußstrich unter dein bisheriges Leben. Du hast mit Gott und Menschen gekämpft und bist Sieger geworden.«
Jakob, der Sieger mit der lahmen Hüfte, von Gott berührt und am Leben geblieben, geht der aufgehenden Sonne entgegen. Er weiß, daß er auf dem Weg über den Fluß nicht mehr alleine ist.
Die Geschichte ist nicht neu. Sie passiert immer wieder. Manchmal kostet sie mehr als nur eine Nacht und hinterläßt Wunden und Narben. Worauf es ankommt, ist der Ausgang. Könnte es sein, daß wir in dieser Geschichte vorkommen?

38.
Deine Toten werden leben

Du Herr, mehrest das Volk, beweisest deine Herrlichkeit und weitest alle Grenzen des Landes... Aber deine Toten werden leben. Jesaja 26, 15. 19

Wir sind an den Grenzen des Wachstums angekommen. Niemand, der die heutige Weltsituation wach miterlebt, wird dies bestreiten. Betroffen sind davon nicht nur die Armen, sondern auch die Reichen, nicht nur die Hungernden, sondern auch die Satten, nicht nur die Unterdrückten, sondern auch die Unterdrücker. Es ist geradezu bezeichnend für das Bewußtsein der Begrenzung auf allen Gebieten, daß das Wort Freiheit so viel gebraucht wird. Dabei erleben wir täglich, daß alle Ausbruchsversuche unter diesem zum Schlagwort gewordenen Begriff die Menschen maßlos machen und statt in die Freiheit in den Tod führen.
Unser Text hat mit Freiheit zu tun. Man könnte ihn auch so lesen: »Du Mensch, ich bin es, der die Grenzen setzt und auch ausweitet. Ohne mich geht es nicht. Ich bin es auch, der deine Toten wieder zum Leben erwecken kann, denn ich, der Herr, bin der Erste und der Letzte und der Lebendige.«
Vor einiger Zeit machte ich die Bekanntschaft eines Afrikaners. Er ist Pfarrer und gehört zum Stamm der Masai. Er erzählte mir folgende Geschichte: »Ich besuchte einen alten Krieger, der auf dem Sterbebett lag, und wollte ihm von Gott erzählen. Er unterbrach mich: ›Gott kenne ich. Er ist der Welten-

Schöpfer, und er beschenkt uns mit Kindern, Rindern und Wasserstellen. Von ihm leben wir bis zum Tod. Danach überlassen wir unsere Toten den Hyänen, wie du weißt. Kannst du mir aber von einem Gott berichten, der uns über den Horizont hinaus begleitet, dann höre ich auf dein Wort.‹ Ich konnte es, ich konnte ihm vom Vater unseres Herrn Jesus Christus erzählen, der den Sohn vom Tode erweckt hat. Am Glauben an die Auferstehung entscheidet sich das Schicksal meines Volkes.«

Bei Gott ist Freiheit, grenzenlose Freiheit. Bei ihm ist Hoffnung, wo wir an Grenzen stoßen. Sein war die Vergangenheit; aus seiner Hand nehmen wir jeden Tag; in seiner Hand liegt die Zukunft, unsere und die der ganzen Welt.

39.
Das Bilderbuch Gottes

Mit dem Reich Gottes ist es so, wie wenn jemand Samen aufs Land wirft und schläft und aufsteht Tag für Tag und Nacht für Nacht, und der Same geht auf und wächst – er weiß aber nicht wie.

Markus 4, 26–27

Die Bibel ist die Familiengeschichte Gottes. In Hunderten von Erzählungen und Gleichnissen wird uns das Handeln Gottes mit den Menschen nahe gebracht. Gott liebt, lobt, straft, ermahnt und führt sein Volk zum Glauben.

Jesus vermittelt seine tiefsten Gedanken nicht in Lehrsätzen, sondern in Gleichnissen und Bildern. Er will es uns erleichtern, Gott kennen zu lernen. Würden wir unsere Betroffenheit in ähnlicher Weise erleben wie Kinder ihre Märchen, dann könnten die biblischen Geschichten wieder mehr Bezug zum Alltag gewinnen. Von der Weltmission her wissen wir, daß es besonders die biblischen Geschichten und die Gleichnisse sind, die die Botschaft so anziehend und verständlich machen. Man kann sie in den Alltag hereinnehmen und die eigenen täglichen Erfahrungen daran schärfen.

Die Mission ist ein Beweis dafür, daß die Geschichte Gottes mit seinem Volk weitergeht und nicht beim letzten Satz der Bibel aufhört. Die Missionsgeschichte ist die Fortschreibung der biblischen Geschichten bis in unsere Zeit. Wenig Gleichnisse eignen sich besser zur Illustration der

Familiengeschichte Gottes als das von der keimenden Saat. Ich möchte das an einigen Beispielen aus der jüngeren Missionsgeschichte deutlich machen.
Im Gespräch mit dem alten Kudlip, einst ein mächtiger Fürst unter dem großen Hagenvolk im Innern Neuguineas, sagte er mir: »Die Missionare wurden während des großen Krieges in die Gefangenschaft abgeführt. Bei uns gab es damals noch keinen einzigen Christen. Die Friedensbotschaft aber hatten wir begriffen. Wir beteten zu Gott, obwohl wir ihn noch nicht kannten. Als der Krieg zu Ende war und die Missionare zurückkamen, versammelten sich mehr als 5000 Menschen auf der Missionsstation. Sie alle wollten getauft werden.«
In den sechziger Jahren wurde in Tansania das kirchliche Schulwesen verstaatlicht, sehr zum Leidwesen von Kirchen und Mission. Es entstanden Staatsschulen, in denen christliche, islamische und heidnische Kinder gemeinsam unterrichtet wurden. Jeder Religionsgemeinschaft wurde eine bestimmte Zeit für ihren Religionsunterricht zugestanden. Da geschah etwas Unerwartetes. Häufig blieben, wenn der christliche Religionsunterricht begann, die islamischen und heidnischen Kinder in ihren Bänken sitzen. Sie waren so fasziniert von den Geschichten, Gleichnissen und Liedern, daß sie nicht genug davon hören konnten. Viele von ihnen ließen sich später taufen. Das Wachstum der Kirche in Tansania ist auch darauf zurückzuführen.
Der mir das erzählte, ist heute Bischof einer der Diözesen der Evangelisch-Lutherischen Kirche von Tansania. Als 15jähriger Junge ist er vom Islam zum Christentum übergetreten.

Die schweren Stammeskämpfe im Hochland von Papua-Neuguinea, in die auch Christen mit verwickelt waren, hatten viele dunkle Seiten, aber sie endeten auch bisweilen im Segen. Hunderte von Männern wurden verhaftet und in die Gefängnisse gesteckt. Eines Tages gab ein Gefängnisgeistlicher einem von ihnen ein Neues Testament. Der las es und gab die Botschaft weiter. Dies führte zu einer geistlichen Erneuerungsbewegung, vor allem unter der Jugend, die als Wunder bezeichnet werden kann. Ein Samenkorn war zur rechten Zeit und am rechten Ort in die Erde versenkt worden.
Mit dem Reich Gottes ist es so, wie wenn jemand Samen aufs Land wirft. Der Same geht auf und wächst und er weiß nicht wie. Das Säen allerdings wird uns nicht abgenommen, auch nicht die Zubereitung des Bodens und noch weniger das Warten auf die »kostbare Frucht der Erde« (Jak. 5, 7). Indem wir nicht sofort mit dem Erfolg rechnen, überlassen wir es dem Herrn, die Frucht zu seiner Zeit zum Keimen zu bringen.
Vielleicht wäre es keine schlechte Idee, das große Bilderbuch Gottes einmal daraufhin durchzusehen, inwieweit es Bilder zeigt, die Ähnlichkeit mit der eigenen Situation haben. Das könnte den eigenen Glauben aufmerksamer und wacher werden lassen.

40.
Wer ist denn mein Nächster?

Und siehe, da stand ein Schriftgelehrter auf, versuchte ihn und sprach: Meister, was muß ich tun, daß ich das ewige Leben ererbe? Er aber sprach zu ihm: Wie steht im Gesetz geschrieben? Wie liesest du? Er antwortete und sprach: Du sollst Gott, deinen Herrn, lieben von ganzem Herzen, von ganzer Seele, von allen Kräften und von ganzem Gemüt und deinen Nächsten wie dich selbst. Er aber sprach zu ihm: Du hast recht geantwortet; tue das, so wirst du leben. Er aber wollte sich selbst rechtfertigen und sprach zu Jesus: Wer ist denn mein Nächster?

Lukas 10, 25–29

Als Antwort auf diese Frage erzählt Jesus das Gleichnis vom barmherzigen Samariter. Mit Recht gehört er zu den großen Vorbildern in der Menschheitsgeschichte.

Ein Samariter – Feind der Juden – wird von Jesus als Vorbild hingestellt. Dies geschieht im Gespräch mit einem jüdischen Gelehrten. Heute, nach 2000 Jahren, in einer Zeit, in der die Menschheit mit Hunderten von Feindbildern belastet ist, erfahren wir diese Erzählung wie eine Befreiung. Nicht alle Russen, alle Amerikaner, alle Kommunisten, alle... sind böse. In dieser Geschichte unternimmt Jesus den Versuch, christliche Barmherzigkeit darzustellen, und dazu gehört auch der Abbau von Feindbildern.

Ist es nicht leichter für uns Christen heute, »Barmherzigkeit« zu üben, als etwa Feindbilder abzubauen? Es ist ja so leicht, in die Kirche zu gehen und sich Predigten über die Liebe Gottes anzuhören. In unserer Wohlstandsgesellschaft ist es sogar für viele nicht schwer, für die Werke der Barmherzigkeit einen Obulus zu entrichten. Das kostet nicht zu viel. Wie aber steht es um die Feindbilder, die wir aufgebaut haben? Kürzlich sprach ich mit einem Mann, von dem ich weiß, daß er viel für die Not in der Dritten Welt tut. Ich erwähnte die Polenhilfe. Da wurde er hart: »Dafür gebe ich nichts. Die sind selbst schuld, wenn sie hungern. Polnische Wirtschaft!«

Mit dem Gleichnis vom barmherzigen Samariter zeigt uns Jesus in einer gerafften Szene das Wesen des Christentums. Es ist, Gott sei Dank, keine theologische Grundsatzerklärung, sondern eine einfache, verständliche Geschichte, die uns sagt: »Der Mensch, der in Not ist, wird mir zum Nächsten, unabhängig davon, wer er ist, wo er herkommt und ob er schuldig oder unschuldig in diese Bedrängnis gekommen ist. Die Frage nach dem Nächsten ist für uns heutige Menschen angesichts des millionenfachen Leides der Menschheit nicht immer leicht zu beantworten. Wir sind gezwungen, Prioritäten zu setzen. Die Hauptperson in unserer Geschichte ist ein unbekannter, am Weg liegender Mensch, der darauf wartet, daß jemand kommt und seine Wunden verbindet. Damit ist ein Modell geschaffen. Zunächst sind es Menschen in unserer unmittelbaren Nähe, die die Hände nach uns ausstrecken.

Der barmherzige Samariter unserer Zeit, so möchte ich eine Begebenheit betiteln, die sich vor nicht sehr langer Zeit abgespielt hat: Ein junger Mann wurde drogensüchtig und landete am Ende im Gefängnis. Ein Mädchen, das ihn von früher her kannte, aber nicht weiter mit ihm befreundet war, schrieb ihm und schickte ihm Päckchen. Er, der wegen Selbstmordverdacht in eine geschlossene Abteilung versetzt werden mußte, schöpfte wieder Hoffnung und konnte vorzeitig zur Bewährung entlassen werden. Auch die Bewährung schaffte er. Was wäre wohl aus diesem Mann geworden, wenn sich ihm nicht eine rettende Hand entgegengestreckt hätte? Die Geschichte zeigt, daß es nicht immer Geld sein muß, immer aber ein offenes Herz. Wartende Menschen können uns sehr nahe sein, aber auch sehr weit entfernt. Vor allem sollen wir dabei nicht übersehen, daß Gott wartet. Jesus sagt uns in dieser Geschichte, daß das ewige Leben davon abhängt, ob und wie wir helfen. In dieser Geschichte geht es ja eigentlich um die Grundfrage: »Was muß ich tun, daß ich das ewige Leben erbe?« Wir kennen die Antwort: »Du sollst lieben Gott deinen Herrn... und deinen Nächsten wie dich selbst.« Bei der Gottesliebe gibt es kein Problem für den Schriftgelehrten. Er ist überzeugt, daß er Gott liebt. Was ihm Schwierigkeit bereitet, ist die Frage, wer der Nächste ist. Es ist zugleich die entscheidende Frage in unserer Geschichte. Denn wie wir unsern Nächsten behandeln, das hat sehr viel mit dem ewigen Leben zu tun. Auf die Frage Jesu an den Schriftgelehrten, welcher von den Vorübergehenden der Nächste gewesen sei, antwortet er: »Der Erbarmen zeigte.« Die Antwort, die ihm zuteil wurde, war: »Gehe hin und tue das gleiche.«

So wird uns in dieser Geschichte verdeutlicht: Christliche Liebe ist weniger Gefühl als praktische Hilfe für die unter die Mörder Gefallenen. An Gelegenheit, diese Liebe in die Tat umzusetzen, fehlt es in unserer Zeit nicht.

41.
In Ängsten, und siehe, wir leben

Darum will ich meinem Mund nicht wehren; ich will reden in der Angst meines Herzens. *Hiob 7, 11*

Solches habe ich mit euch geredet, daß ihr in mir Frieden habt. In der Welt habt ihr Angst; aber seid getrost, ich habe die Welt überwunden.
Johannes 16, 33

Vor Jahren kannte ich einen Menschen, der nicht mehr in der Lage war, seinen Mund aufzutun. Den liebsten Menschen, den er besaß, hatte er durch den Tod verloren. Er war sprachlos geworden, zerbrach und nahm sich das Leben. Nicht mehr sprechen können, ist wie Tod. Nicht mehr sprechen wollen, bedeutet aufgeben. Wer nicht mehr reden kann, dessen Angst ist nicht mehr menschlich, sondern kreatürlich. Der Apostel Paulus spricht von dem ängstlichen Harren der Kreatur, die auf die Offenbarung der Kinder Gottes wartet. (Röm. 8, 19)
»Darum will ich meinem Mund nicht wehren, ich will reden!« Wir leben in einer Zeit, in der es uns angst und bange werden kann. Unsere Generation hat zwei Weltkriege mit zusammen 65 Millionen Toten erlebt, und wir haben allen Grund, uns vor einem dritten zu fürchten, nachdem die Völker jedes Jahr über 500 Milliarden Dollar für Rüstung ausgeben. Ein einziges mit Atomwaffen bestücktes U-Boot hat mehr Vernichtungskraft als alle konventionellen Waffen des letzten Krieges zusammen.

Und eines dieser U-Boote bekam den gotteslästerlichen Namen »Corpus Christi« – Leib Christi. Wir leben nur noch vom »Gleichgewicht des Schrekkens«.
Diese Situation wurde mir deutlich durch ein Erlebnis, das ich vor einiger Zeit hatte. Anläßlich einer Brasilienreise besuchten wir auch die berühmte Schlangenfarm Butantan in São Paulo. Beim Rundgang sieht man Hunderte von Schlangen und Ottern. Einen Anblick aber werde ich nicht vergessen. Im Hintergrund des Käfigs lag ein großes, fettes, giftiges Reptil, ein Auge geschlossen und beim anderen das Lid halb geöffnet, als ob es blinzeln wollte. Direkt vor uns in der rechten Ecke des Käfigs saß ein zitterndes weißes Mäuschen. Ich weiß nicht, ob ich es mir nur eingebildet habe, aber ich hatte das Empfinden, in ihm spiegle sich die ganze Angst der Schöpfung wieder. Wo ist hier ein Ausweg, eine rettende Hand, die mich aus der Schlangengrube befreit? Ist das nun das Bild der Menschheit heute, das sprachlose Warten auf das Unheil? Oder weiß das weiße Mäuschen vielleicht gar nicht um seine Bedrohung? Will es nicht wissen? Hofft es irgendwie auf das Überleben?
»Ich will reden in der Angst meines Herzens!« Wovon? Vom Dank! Dreißig Jahre ging es aufwärts mit mir seit den Tagen der Stunde Null. Dreißig Jahre Gnade, Segen, Wohlstand und Frieden. Ist das vielleicht nichts? Dreißig Jahre bin ich fleißig und friedlich gewesen. Reicht das nicht für die andere Schale der Waage? Und da muß ich nun hören: »Was hast du, das du nicht empfangen hast?«
Und wo bleibe ich? Ist meine Leistung nichts wert?

Ist alles, was ich mir mühsam erworben habe an Wohlstand, Sicherheit und Frieden, fraglich geworden? – Wir hören die Frage aus dem Buch Hiob: »Will mit dem Allmächtigen rechten der Haderer?« (Hiob 40, 2) Nimmst du, o Mensch, endlich wahr, wie brüchig deine Existenz schon immer war? Von jetzt an mußt du zufrieden sein, in der Spannung zu leben. Nimm sie an als was sie gemeint ist, als Zeit zu Dank und Umkehr.

»In Ängsten, und siehe, wir leben!« Sind nicht vielleicht die Christen berufen, die »Leiden Christi an der Welt« stellvertretend mitzutragen? Wie leben wir? Sehen wir nicht immer auf andere! Wer auf eine hohe Leiter steigt, darf nicht zurücksehen, sonst kann er leicht schwindelig werden und in die Tiefe stürzen. Sein Blick muß nach oben gerichtet sein, auf das Ziel.

Zur Angstüberwindung gehören Geduld und Unter-der-Last-Bleiben – das Gegenteil von Hektik. »Hier bewährt sich die Geduld der Heiligen, die Gottes Gebote einhalten und den Glauben an Jesus Christus bewahren.« (Offb. 14, 12) Weil wir wissen, daß uns in allem, was geschieht und noch geschehen mag, nichts scheiden kann von der Liebe Gottes, bleiben wir auch unter der Last des Tages. Wer glaubt, dieser Last entfliehen zu können, um sich in eine selbst verordnete »Innerlichkeit« zurückzuziehen, entzieht sich seinem Auftrag. Beiträge der Christen zur »Weltverbesserung« müssen allerdings anders aussehen, als wir gewohnt sind: Vorleistung statt Mißtrauen, Verzicht statt Besitzstandswahrung, Opfer statt Anspruchsdenken. Dies sind die Vorräte für die bösen Tage, Wegweiser nach Hause.

42.
Rühre mich an

Herr, wenn du willst, kannst du mich reinigen.
Lukas 5, 12–16

Von dem Mann in unserem Text heißt es, daß er mit Aussatz bedeckt war. Wer diesen Punkt erreicht hat, erwartet nichts mehr vom Leben. In der Talsohle des Leides ist er auf der tiefsten Stelle angekommen.

1933 besuchte ich in Hongkong eine vom Sikiang umflossene Lepra-Insel. Dort lebten Hunderte von »Aussätzigen« in völliger Isolierung. Die Bilder des Grauens, die sich mir dort boten, lassen mich ein ganzes Leben lang nicht mehr los. Es war im wahrsten Sinne des Wortes eine Insel der Sterbenden. Ab und zu kam ein Polizeiboot und brachte Lebensmittel. Auch dem Missionar und der Krankenschwester aus der nahe gelegenen Stadt Tungkung erlaubte man, die Insel zu besuchen.
Was mich damals am stärksten beeindruckte, war die Ausweglosigkeit für diese Ärmsten der Armen. Wer hier lebte, mußte jede Hoffnung begraben. Die Menschen waren ihrer leiblichen und seelischen Not völlig ausgeliefert. Was mögen sich an diesem Ort des Grauens manchmal für Szenen abgespielt haben! Kein Mensch konnte helfen, es sei denn, daß er mit ihnen zusammen lebte und ihr Schicksal teilte. Die chinesische Regierung hatte die Insel völlig abgeriegelt. Wer fliehen wollte, wurde unweigerlich erschossen. Wer schwimmend das andere Ufer

zu erreichen beabsichtigte, mußte damit rechnen, in den gelben Fluten des Stromes umzukommen. Keine helfende Hand würde ihn aus dem Wasser ziehen.
Der Aussätzige in unserer Geschichte hatte es leichter. Ihm nahte sich Hilfe in der Gestalt des Mannes aus Nazareth. Wenn überhaupt, dann konnte nur er noch helfen. So warf er sich denn vor Jesu auf die Knie: »Herr, wenn du willst, kannst du mich heilen.«
Es gehört der Mut der Verzweiflung dazu, sich inmitten einer großen Volksmenge vor einem Fremden auf die Knie zu werfen. »Herr, wenn du willst!« Das war die letzte Karte, die dieser Aussätzige noch hatte; eine Vertrauenserklärung ohne Vorbehalte. »Herr, wenn du willst, kannst du mich aus meinen Ängsten lösen und mich heilen und befreien.« Es war die demütige Herausforderung an einen, der selber diese Situation erfahren wird: »Vater, willst du, so nimm diesen Kelch von mir.« Es ist das Aufgeben des eigenen und die Hingabe in Gottes Willen.
Es gehört zu den elementaren seelischen Regungen des Menschen, daß wir uns aufbäumen gegen Krankheit, Leid und Tod. Wer aufgibt, weil er kein Licht mehr sieht, rechnet mit der Nacht. Weil er selbst keine Hoffnung mehr hat, rechnet er mit dem Ende. Da hilft ihm auch »sein« Gott nichts mehr. Anders der, der sich auf den Vater des Herrn Jesus Christus verläßt und bereit ist, über Leid und Tod hinaus das Vertrauen zum Vater nicht zu verlieren. Für ihn ist die Geschichte nicht zu Ende, so wie sie auch in unserem Text nicht zu Ende war. Jesus

rührte ihn mit der Hand an: »Du sollst heil sein.« Das Leid wird zu einer Gottesbegegnung, und aus der Wunderheilung wird eine Glaubenserfahrung.

43.
Die Einladung Gottes

Die elf Jünger gingen nach Galiläa auf den Berg, wohin Jesus sie bestellt hatte. Und als sie ihn sahen, fielen sie vor ihm nieder; einige aber zweifelten. Und Jesus trat heran und sprach zu ihnen: »Mir ist alle Macht gegeben im Himmel und auf Erden. Darum geht hin und macht alle Völker zu Jüngern: Tauft sie auf den Namen des Vaters und des Sohnes und des Heiligen Geistes und lehrt sie halten alles, was ich euch befohlen habe. Und siehe, ich bin bei euch alle Tage bis an der Welt Ende.

Matthäus 28, 16–20

Vor einiger Zeit hatte ich ein Gespräch mit einem jungen Doktoranden, der mich auf meine Vergangenheit ansprach. Dabei sagte er im Verlauf des Gesprächs: »Ich könnte und würde nie den Versuch machen, meinen Glauben anderen Menschen anzuempfehlen.« Auf meine Frage: »Welchen Glauben?«, wurde er verlegen. In der Tat, die Weltmission ist für den menschlichen Verstand ärgerlich, ein Unterfangen, das nach Intoleranz riecht. Wäre sie selbstverständlich, einleuchtend oder gar bequem, dann fehlte ihr die innere Kraft. Wie kann man eine solch umstrittene Sache erklären? Mir fällt nichts besseres ein als die Definition eines Inders, die ich vor einiger Zeit einmal gelesen habe: »Mission ist, wenn ein Bettler dem anderen sagt, wo Brot zu bekommen ist.«
Wenn ich an das Wort vom Bettler denke, dann fällt

es mir schwer, den eben verlesenen Text mit der Überschrift »Missionsbefehl« zu versehen. Einem Bettler befiehlt man nicht; man kann ihn höchstens einladen. Befehl ist ein Wort aus der militärischen Sprache. Einen Befehl führt man aus, ob man davon überzeugt ist oder nicht. Lieber würde ich von einem Auftrag sprechen. Ein Auftrag setzt Vertrauen voraus. Der Auftraggeber, der Ausführende und auch der Empfangende stehen in einem Vertrauensverhältnis zueinander. Bevor ich meinen Auftrag ausführe, müssen zuerst vertrauensbildende Maßnahmen getroffen werden. Von einem Menschen, dem ich kein Vertrauen entgegenbringen kann, nehme ich auch nichts an. Der Bote muß sich als glaubwürdig erweisen, sowohl dem König als auch dem Bettler gegenüber. Damit wird Mission der Pflichtübung entnommen und zu etwas Leichtem gemacht.
Unser Text sagt: »Geht, geht nur, fürchtet euch nicht; ich bin bei euch.« Diese Abschiedsworte Jesu verheißen die Nähe des Auferstandenen. An Pfingsten werden die Jünger schließlich ausgestattet mit Autorität und Furchtlosigkeit. Voraussetzung freilich für den Botschafter und die Botschaft ist der Glaube an die Gegenwart des sendenden Herrn. Wo er ist, da tritt die Person des Zeugen in den Hintergrund. Das Zeugnis dagegen umso geistesmächtiger.
Es ist bemerkenswert, daß der Auftrag nicht einem einzelnen übertragen wird. Er ist ein Vermächtnis an die Gemeinschaft der Jünger. Ihnen wird gesagt: Allein schafft ihr es nicht. Für einen Auftrag von dieser Reichweite ist die Gemeinschaft notwendig.

Wie könntest du alleine den Gefahren des Weges trotzen! Damit wird Mission zur Sache der Gemeinde. Sie ist es, die sendet und stützt. Sie ist es, welcher der Sendling verantwortlich bleibt.
Christian Keyßer erzählt in seinen Erinnerungen, wie er einmal durch die Gemeinde vor einem Fehler bewahrt worden ist. Ein junger Mann aus einem fernen Stamm besuchte den Taufunterricht und beendigte ihn zur Zufriedenheit des Missionars. Der Taufe stand nichts mehr im Wege. Die Sattelberggemeinde aber war strikt dagegen. Sie sagte dem Taufbewerber: »Wenn du nun nach Hause kommst (in die heidnische Umgebung), wie willst du der schäumenden Flut des Mongi-Flusses (Sinnbild für Heidentum) widerstehen, wenn sie gegen dich anrollt? Du erscheinst als Zerstörer der Sippe.« Der Mann trat unter Tränen zurück und ging in seine ferne Heimat. Dort wurde er zum erschütternden Bußprediger an seinem Volk. Von ihm sagten die Leute: »Ihr Fremden habt uns das Wort Gottes gesagt, aber es lief an uns ab wie Regen von den Bananenblättern. Wenn aber Jakobonga sprach, fuhr es durch uns hindurch vom Kopf bis zu den Beinen hinab.«
Jakobonga wurde erst drei Jahre später getauft, als sich sein Stamm für Gott entschieden hatte. Für unser Verständnis von der Taufgnade mag es fremd klingen, daß Jakobonga sich sozusagen seine Taufe erst erarbeiten mußte. Der Gemeinde ist dieser Entschluß sicher nicht leicht gefallen, mußte sie ihn doch gegen den Willen des Missionars fällen. Gott aber bekannte sich dazu, indem er die Arbeit Jakobongas besonders segnete.

Das Beispiel dieser verweigerten Taufe zeigt, daß Gott sich in kein Schema pressen läßt. Durch die Zurückweisung eines einzelnen entstand eine neue Gemeinde.

Methoden und Wege der Missionierung der Völker mögen verschieden sein, das Ziel bleibt dasselbe: ihre Heimführung in die Gemeinde Gottes, ihre Einbindung in den Leib Christi. Darum »gehet hin und machet alle Völker zu Jüngern. Taufet sie auf den Namen des Vaters, des Sohnes und des Heiligen Geistes und lehret sie halten alles, was ich euch befohlen habe. Und siehe, ich bin bei euch alle Tage, bis an der Welt Ende!«

44.
Im Zeichen des Regenbogens

Siehe, ich richte mit euch einen Bund auf und mit eurem Nachkommen und mit allem lebendigen Getier bei euch, an Vögeln, an Vieh und an allen Tieren des Feldes bei euch... Und ich richte meinen Bund so auf mit euch, daß hinfort nicht mehr alles Fleisch verderbt werden soll... *1. Mose 9, 9–11*

Denn so sehr hat Gott die Welt geliebt, daß er seinen einzigen Sohn dahin gab, damit alle, die an ihn glauben, nicht verloren gehen, sondern das ewige Leben haben. *Johannes 3, 16*

Vor vielen Jahren schrieb ich einmal im Whagital von Papua-Neuguinea die Predigt eines einheimischen Lehrers über den »Schatz im Acker« (Matth. 13, 44) auf. Der Mann sagte dabei etwa folgendes: »Gott ist der Menschenbesitzer. Er hat uns nach seinem Bild gemacht, denn er wollte nicht alleine sein. Wollen wir denn alleine sein? Auch wir freuen uns, wenn wir Kinder haben.

Damit sich seine Kinder ernähren können, hat er ihnen einen schönen Garten gegeben, den sie bearbeiten sollten. Indem sie so sein Eigentum verwalteten, sollten sie ihn ehren. Ihr wißt aber, wie wir Menschen sind. Wir denken an alles, nur nicht an die Hauptsachen, und haben daher den uns von Gott übergebenen Garten verwahrlosen lassen. Zum Schluß haben wir vergessen, woher wir kamen und wem der Garten gehört. Der Teufel hat in unsere

Herzen Hoffart, Zweifel und Mißtrauen gesät. Wir sind immer mehr heruntergekommen und zuletzt in Schmutz und Morast versunken. Weil aber die Verwalter des Gartens nicht mehr da waren, hat ihn der Teufel in Besitz genommen, und damit waren wir seine Gefangenen. Gott aber hat dem im Garten verborgenen Schatz, uns, seine Kinder, nicht vergessen und alles daran gegeben, uns zu retten. Mit dem Blut seines Sohnes hat er den Garten gekauft und uns befreit. Nun ist er wieder der Besitzer des Gartens und der Menschen. Das ist eine gute Nachricht.«

In dieser Predigt ist alles Wesentliche enthalten: Gottes unversiegbare Bündnistreue durch die Hingabe seines Sohnes. Dieser Herr will trotz unseres Versagens seinen Herrschaftsanspruch durch uns, seine rechtmäßigen Verwalter, wahrnehmen lassen. Für uns, seine Ebenbilder, hat er den Garten in all seiner Schönheit geschaffen, doch sollten wir nicht so in Egoismus befangen sein, daß wir darüber vergessen, daß er seinen Bund mit allen Geschöpfen, die diese Erde bevölkern, geschlossen hat. »Alle Geschöpfe warten sehnsüchtig darauf, daß Gott diese Herrlichkeit an seinen Kindern sichtbar macht. Er hat ja die ganze Schöpfung der Vergänglichkeit preisgegeben, nicht weil sie selbst schuldig geworden war, sondern weil er sie in das Gericht über die Menschen mit einbezogen hat. Er hat aber seinen Geschöpfen die Hoffnung, daß sie eines Tages vom Fluch der Vergänglichkeit erlöst werden, gegeben. Sie sollen dann nicht mehr Sklaven des Todes sein, sondern am befreiten Leben der Kinder Gottes teilnehmen. (Röm. 8, 19–21)

Gottes Herrschaftsanspruch ist umfassend. Es geht nicht nur um unser Heil und Wohl. Zusammen mit unseren Nachkommen und der ganzen Schöpfung sind wir auf Hoffnung angelegt. Dementsprechend darf, ja muß unser Gebet und muß unser Handeln immer die anvertraute Schöpfung und die nach uns kommenden Generationen mit einschließen.
Chrisian Keyßer erzählt in einem seiner Bücher: »Wenn ich den staunenden Papuas die Schöpfungsgeschichte erzählte, bot sie die Hilfsmittel, um die ganze heidnische Weltanschauung aus den Angeln zu heben. Es war ein grandioser Gedanke: Alle Menschen, Tiere, Blumen, Bäume, ja sogar Steine sind Gottes Eigentum. Er ist der Herr! Ihm gehört alles! Was für grundstürzende Folgerungen ergaben sich aus dieser Wahrheit: Man muß mit den Bäumen und Pflanzen sorgsam umgehen. Man durfte die Tiere nicht quälen (und ihnen ihren Lebensraum nehmen), denn sie waren Gottes Besitz.«
»Wir warten auf einen neuen Himmel und auf eine neue Erde nach seiner Verheißung, in der Gerechtigkeit herrscht.« (2. Petr. 3, 13) Nicht mehr das Recht des Stärkeren hat Vorrang. So müssen wir uns fragen lassen: Haben wir nicht unsere Bündnispflicht dem Schöpfer gegenüber verletzt? Haben wir nicht mehr gesammelt, als nötig war, über unsere Verhältnisse gelebt, die Natur ausgebeutet? Waren wir vielleicht zu zaghaft, unseren Mund aufzutun, wenn die Menschenrechte und das Lebensrecht der gesamten Schöpfung verletzt wurden?
»Siehe, ich richte mit euch einen Bund auf und mit euren Nachkommen und mit allem lebendigen Getier bei euch!« Gott hat uns als Rechtswahrer einge-

setzt. Er selbst hat den Bund gehalten. Wir wissen, er wird ihn auch ferner halten, denn er hat diese Welt so sehr geliebt, daß er seinen einzigen Sohn für sie dahingegeben hat. Wir haben ihm gegenüber nichts aufzuweisen als die Liebe seines Sohnes, der auch die ausgebeutete und geschändete Erde in seine Obhut genommen hat und sie einstmals erneuern will. Für uns aber gilt für jeden Tag, den Gott uns schenkt, das Wort des Propheten Micha: »Es ist dir gesagt, Mensch, was gut ist und was der Herr von dir fordert, nämlich Gottes Wort halten und Liebe üben und demütig sein vor deinem Gott.« (Micha 6, 8) Gott helfe uns, dieses Wissen in die Tat umzusetzen.

45.
Gemeinsam unter Gott

Die Brüder Josephs fürchteten sich, da ihr Vater gestorben war, und sprachen: Joseph möchte uns gram sein und vergelten die Bosheit, die wir an ihm getan haben. Darum ließen sie ihm sagen: »Dein Vater befahl vor seinem Tod und sprach: ›Also sollt ihr Joseph sagen: Vergib doch deinen Brüdern die Missetat und ihre Sünde, die sie an dir getan haben! So vergib doch nun diese Missetat uns, den Dienern des Gottes deines Vaters.‹« Aber Joseph weinte, da sie solches mit ihm redeten. Und seine Brüder gingen hin und fielen vor ihm nieder und sprachen: »Siehe, wir sind deine Knechte.« Joseph aber sprach zu ihnen: »Fürchtet euch nicht, ich bin unter Gott.« *1. Mose 50, 15–19*

Fürchtet euch nicht, ich bin unter Gott. Einen solchen Satz kann nur jemand aussprechen, der selbst mit Gott ins Reine gekommen ist. Joseph beruft sich nicht auf die Macht, die es ihm gestatten würde, seinen Brüdern Gnadenerweise zu erzeigen. Er macht ihnen klar, daß er die Vergebung kraft einer höheren Autorität ausspricht, einer Autorität, der beide, Schuldner und Gläubiger, unterworfen sind. »Fürchtet euch nicht, ich bin unter Gott.« Dieser Satz steht nicht am Anfang unserer Geschichte, sondern an ihrem Ende. Hier wird deutlich, wie menschliche Vergebung nie vorschnell erfolgen kann, wenn sie Bestand haben soll. Gläubiger und wohl auch Schuldner müssen erst ein Stück Weges

mit Gott gewandert sein, ehe das lösende Wort gesprochen und angenommen werden kann. Vorbedingung ist, daß sie zuerst mit Gott ins Reine kommen.
Die Brüder bitten Joseph um Vergebung um des gemeinsamen Vaters willen. Der Vater wird als Vermittler beschworen. Damit bewegen sie das Herz Josephs, und es wird berichtet, daß er weinte. Mögen noch Vorbehalte vorhanden gewesen sein, von da an waren sie ausgeräumt. »Fürchtet euch nicht, auch ich stehe unter Gott«, auch für mich gelten die gemeinsamen Glaubenserfahrungen unseres Stammes. Joseph beruft sich auf den gemeinsamen Stammesgott. Hier lag das Geheimnis, das die Kinder Israels auszeichnete und heraushob vor den sie umgebenden Völkerstämmen. Der Stamm war es, mit dem Gott redete, handelte, ins Gericht ging und dem er Gnade erwies. Ihre Gottesbeziehungen waren geprägt vom Eingebundensein in ihre natürliche Umwelt.
Geschichten wie diese haben ein unerhörtes Gewicht für Menschen, deren Lebensformen noch weithin vom Stamm oder der Familie (Ujamaa, Kisuaheli, für Familien-Denken, Gemeinsinn) geprägt sind, wie etwa in Afrika oder Neuguinea. Ihre Wurzeln sind in der Gemeinschaft verankert, und aus der gemeinsamen Glaubenserfahrung wird auch der persönliche Glaube gespeist. An dieser Geschichte wird überdeutlich, wie richtig die Missionare handelten, die erst gar nicht den Versuch machten, einzelne zu taufen und sie dadurch ihrer Familie zu entfremden. Indem der ganze Stamm zur Gottessippe wird, kann sich auch der Glaube des

einzelnen entfalten. Der beste Beweis dafür ist die Vielfalt der Lieder und Gottesdienstformen, um die wir sie oft beneiden. Hier wird der gemeinsame Glaube zu einer tragfähigen Tradition.
Auch wir leben aus dieser gemeinsamen Tradition und Glaubenserfahrung heraus, selbst wenn wir manchmal glauben, ohne sie auskommen zu können. Gehören nicht die Gebete und Liedverse, die uns unsere Mütter beigebracht haben, auch dazu? Eine Bekannte, die erst als Erwachsene getauft wurde, sagte einmal zu uns: »Wie seid ihr doch reich!« Steht nicht Gottes Handeln mit unserem Volk, unserer Kirche und nicht zuletzt mit unserer Familie immer am Anfang unseres Lebens? Ist nicht der Gott, unter dem wir stehen, ich sage es bewußt fremdartig, nicht auch unser »Stammesgott«? Gewiß, Gott geht mit jedem Menschen seinen eigenen Weg. Dies schließt aber nicht aus, daß er ihn auch in der natürlichen Lebensgemeinschaft ansprechen will. Vielleicht ist das Suchen nach neuen Formen der Anbetung, wie wir es heute unter der Jugend finden, ein Hinweis dafür, daß ihr Glaube die Ermutigung und Stärke der Gemeinschaft sucht. Ich bin unter Gott, aber nicht alleine, sondern mit euch zusammen. Eindeutig sagt dieser Text, daß Gottesbeziehungen von unseren Beziehungen untereinander abhängen. Haben wir Frieden mit uns selbst und mit unserem Nachbarn, dann ist das Reich Gottes nahe herbeigekommen. Und sind wir mit Gott im Reinen, dann ist es leicht, den Satz nachzusprechen: »Fürchte dich nicht, ich bin unter Gott.« Indem wir dem Einfluß Gottes in unserem Verhältnis zueinander einen größeren Spielraum gewähren,

gerät es nicht in die Gefahr zu verhärten. Joseph hatte sich auf Gott berufen. Wir berufen uns nur selten auf Gott. Es ist auch keine leichte Sache, denn eines Menschen Vergangenheit meldet sich immer wieder zu Wort. Vielleicht ist es auch gar nicht notwendig, seinen Namen auszusprechen, sofern wir mit ihm ins Reine gekommen sind. Dann könnte es manchmal sogar besser sein, über Gott zu schweigen, als von ihm zu reden, dafür aber durch unser Handeln umso lauter kundzutun, aus welcher Kraft dies alles geschieht.
»Fürchte dich nicht, ich bin unter Gott.« Wo das geschieht, entsteht Freiheit in allen zwischenmenschlichen Beziehungen, denn alle Beziehungen zwischen Menschen stehen dann unter einem Nenner, unter Gott.

46.
Unter der Last bleiben

Gott legt uns eine Last auf, aber er hilft uns auch.
Psalm 68, 20

Ich werde sie nie mehr vergessen, jene kleine, ausgemergelte Frau, die mich demütig bittend anflehte: »Laß mich auch eine Last tragen.«
Wir befanden uns in einem Bergdorf von Neuguinea und hatten einen schweren Marsch vor uns. Schlafsäcke, Lebensmittel, Bücher, alles, was man eben auf so einer Reise braucht, mußte verteilt werden auf die verschiedenen Mitreisenden. Die kleine Frau wollte sich ein paar Schillinge verdienen, daher diese Bitte.
Später am Tage, als wir in brütender Mittagshitze einen etwa 1000 Meter hohen Grasberg erstiegen, war ich fast am Ende meiner Kraft. Hinter mir lief, leichtfüßig wie ein Reh, die kleine Frau, und ich hörte sie zu ihrer Freundin sagen: »Wenn er nur nicht so schwer wäre, der Vater, dann ginge es leichter.« Die, die gewohnt war, Lasten zu tragen, schaffte es spielend.
Ich habe in meinem Leben viele Lastenträgerinnen gesehen. Graziöse Afrikanerinnen, die ihren Tonkrug wie eine heimliche Krone trugen. Hochbeladene Neuguinea-Frauen, die unter ihrer Last fast zusammenbrachen. In Katmandu sah ich nepalesische Frauen mit turmhohen Lasten von Feuerholz, das sie zum Markt trugen. Selten habe ich dabei ein ungeduldiges Gesicht beobachtet. Vielleicht ein

wenig resigniert, als wollten sie sagen: »Es gehört zu unserem Leben, unter der Last zu bleiben.«
Unter der Last leben: Leben wir nicht alle unter irgendwelchen Lasten? Lasten, die uns unsere Umwelt, Eltern, Kinder, Arbeitskollegen, Vorgesetzte oder Untergebene auflegen? Schwer ist die Last einer Krankheit, die Furcht vor einer Erkrankung oder einer ungesicherten Zukunft.
Die schwerste Last, die ein Mensch tragen muß, ist ein beladenes Gewissen. Wer befreit uns von unseren Lasten? Warum schweigt Gott dazu? Es fällt uns schwer, Lasten als heimlichen Segen zu verstehen. Oft finden wir erst viel später ein Ja zu unseren Lasten. Wir erkennen dann, daß wir die Last gebraucht haben, um an Tiefgang zu gewinnen. Es ist wie mit einem Auto, das einen lehmigen, schmierigen Bergweg hinauffahren muß. Kein erfahrener Fahrer wird mit einem leeren Wagen das Wagnis unternehmen. Nur wenn er den Wagen schwer belädt, greifen die Reifen und krallen sich in den weichen Grund. So verfährt Gott mit uns. Er treibt kein Spiel, sondern will, daß wir an Tiefgang gewinnen. Welch ein Trost für alle, die unter ihrer Last leiden!
Laß uns unter der Last bleiben, o Herr, die du uns auferlegt hast, damit wir vorwärts kommen. Wir vertrauen dir, daß du sie abnimmst, wenn deine Zeit gekommen ist!

47.
Goldene Kälber und heilige Kühe

Da sprach Samuel zum Volk: »Wenn ihr euch von ganzem Herzen dem Herrn zuwenden wollt, dann entfernt die fremden Götter und die Astarten aus eurer Mitte, richtet euer Herz allein auf den Herrn und dient ihm allein, so wird er euch aus der Hand der Philister erretten.« Da entfernten die Söhne Israels die Bilder der Götter und Göttinnen und wandten sich allein Gott dem Herrn zu. So berief Samuel ganz Israel nach Mizpa, schöpfte Wasser und goß es vor dem Herrn aus, und sie fasteten den ganzen Tag und sprachen: »Wir haben Unrecht getan an Gott dem Herrn!« Und Samuel brachte das Volk von Mizpa wieder zurecht. Er nahm ein Milchlamm, opferte es vor dem Herrn und bat ihn für Israel, und der Herr erhörte ihn. Während Samuel noch opferte, rückten die Philister zum Kampf gegen Israel heran, und der Herr schlug die Philister…

1. Samuel 7, 3–10

»Da entfernten die Söhne Israels die Bilder der Götter und Göttinnen und wandten sich Gott zu.« Das ist der entscheidende Satz in dieser Geschichte. Bilder, Masken, Symbole, Zaubergegenstände üben eine unheimliche und faszinierende Wirkung auf den Menschen aus. Nicht umsonst steht der Satz »Du sollst dir kein Bildnis noch irgendein Gleichnis machen« an hervorragender Stelle unter den Geboten Gottes. (2. Mose 20, 4)
Eine der bewegendsten Erfahrungen wohl aller

Pioniermissionare ist, daß die jungen Christen, sobald sie sich für Christus entscheiden, die alten Bilder, Masken und Symbole loshaben wollen. »Entfernt sie, verbrennt sie; sie belasten uns und erwekken in uns Zweifel und Ängste.« Bekehrung und Hinwendung zu Gott ist für sie nicht nur eine geistliche Sache, sondern bedeutet konkret die Abkehr vom Bilderdienst und handfesten kultischen Handlungen. Daher kommt es auch, daß sehr viel altes Kulturgut von den neuen Christen – und nicht von den Missionaren, wie es gemeinhin angenommen wird – vernichtet und verbrannt wurde. Man mag das bedauern. Die Hinwendung zum neuen Herrn bedeutet für sie aber auch, daß sie sich neuen Symbolen zuwenden. In Papua-Neuguinea z.B. gibt es keine Kirche, in der nicht auf dem Taufstein, der Kanzel oder über dem Kruzifix des Altars die Taube als Zeichen des Heiligen Geistes angebracht ist. Offensichtlich braucht der Mensch Symbole und Bilder, um daran seine Phantasie zu stärken.

»Da entfernten die Söhne Israels die Bilder der Götter und wandten sich Gott zu.«

Man kann sich Gott zuwenden wollen und trotzdem an den Bildern der alten Götter festhalten. Das scheint mir nicht die Ausnahme zu sein, sondern oftmals die Regel. Der Bilderdienst nimmt dann feinere Formen an. Mich erinnert dies an eine Begebenheit, die ich vor Jahren in Papua-Neuguinea erlebte.

In einem sehr einsamen Küstenstrich der großen Insel weihten wir ein genossenschaftliches Lagerhaus ein. Es war ein großer Schritt vorwärts auf dem Wege zur Selbsthilfe und wurde dementsprechend gefeiert. Man begrüßte sich, betete, sang, predigte, tanzte, aß zusammen und dankte Gott mit Herzen, Mund und Händen für den Segen, den man vom genossenschaftlichen Zusammenschluß erfuhr. Über der Festversammlung lag der Duft von gedämpftem Schweinefleisch und würzigen Kräutern. Im Überschwang der Gefühle tanzten die Festteilnehmer einen Reigen durch das neue Haus und darum herum. Mir fiel auf, daß bei aller Ausgelassenheit jeder Mann, jede Frau und jedes Kind immer dann, wenn sie an einem alten, grauen, verwitterten Felsblock vorbeitanzten, ihn blitzschnell mit der Hand berührten. Später erkundigte ich mich nach dem sonderbaren Verhalten und stellte dabei fest, daß es sich um einen alten Feldzauberstein handelte. Berührt man den Stein, so wird man gesegnet mit Gütern, ein Überbleibsel also der heidnischen Religion.

»Da entfernten die Söhne Israels die Bilder der Götter und wandten sich Gott zu.« Wohl hatte sich diese christliche Gemeinde Gott zugewandt und erflehte von ihm den Segen für das Wachstum der Früchte, brachte es aber fertig, von einem toten, angeblich beseelten Stein ebenfalls Wachstum der Früchte des Feldes zu erbitten. Ist das nicht ein Abbild dessen, was wir auch bei uns tagtäglich erleben? Immer wollen wir uns nach zwei Seiten absichern. Einerseits erwarten wir von Gott Schutz und Segen, schreiben aber trotzdem dem Maskottchen im Auto schützende Kraft zu. Mit Baal und Asterot haben wir vielleicht aufgeräumt, die sind unmodern geworden. Dafür aber stehen auf unseren heimlichen Altären die Bilder der selbstgebastelten Götter, als da sind Sicherheit, Wohlstand, Macht, Geld, Intelligenz und vielleicht sogar der Gott unseres Wunschdenkens, nicht aber der Vater des Herrn Jesus Christus. Wie wenig haben uns diese Götter, wenn es darauf ankam, dann geholfen! In der Stunde der Not sind sie nicht verfügbar. So sind diese alten Hebräer ein echtes Abbild unseres eigenen Lebens.

»Da entfernten die Söhne Israels die Bilder der Götter und Göttinnen und wandten sich alleine dem Herrn zu.« Das ist der zentrale Satz unserer Geschichte. Ohne diese Tat wäre die Geschichte nicht so hinausgegangen. Dem Samuel hätte sein Milchlamm nichts geholfen, und das ganze Geschrei der Kinder Israels wäre unerhört geblieben, hätten sie nicht die Bilder abgeräumt. Uns aber sagt diese Geschichte ganz persönlich: Räumt auf mit den goldenen Kälbern und heiligen Kühen, damit Gott der Platz freigehalten wird, der ihm zusteht. »Denn Gott ist Geist, und die ihn anbeten, die müssen ihn im Geist und in der Wahrheit anbeten.« (Joh. 4, 24)

48. Keine bleibende Stadt

So lasset uns nun zu ihm hinausgehen aus dem Lager und seine Schmach tragen. Denn wir haben hier keine bleibende Stadt, sondern die zukünftige suchen wir. *Hebräer 13, 13–14*

Siebzehn Millionen Flüchtlinge sind es, die alleine in den letzten Jahren aus ihren Heimatländern vertrieben worden sind. Sie alle suchen eine »bleibende Stadt«, die ihnen Schutz und Brot gewährt. Zuzuzählen ist die weit größere Zahl, die innerhalb der eigenen Landesgrenzen, etwa auf dem indischen Subkontinent, in Afrika oder in Lateinamerika, ständig unterwegs sind. Trockenheit, Überschwemmungen und ungerechte Landverteilung haben ihnen jede Lebensgrundlage geraubt.

Begonnen hat es für unser Land in Polen, und seine Fortsetzung fand es in den russischen Steppen, als Millionen flohen oder den Tod fanden. Die »Heimzahlung« erfolgte nach dem Krieg, als zwölf Millionen Deutsche vertrieben wurden. Eine Betroffene erinnert sich: »Innerhalb einer halben Stunde mußten wir unsere Häuser verlassen. Ich hatte Typhus und war nicht transportfähig. Zusammen mit kleinen Kindern und anderen Kranken wurde ich auf einen Pferdewagen geladen, der uns an die Oder brachte. Von Schwedt nach Angermünde ging es mit dem LKW. Im Krankenhaus war alles überfüllt. Die Männer legten mich auf einer Verkehrsinsel mitten in der Stadt ab. Ich erlebte alles wie in einem

Fiebertraum. Einmal erinnere ich mich, daß ich erwachte. Eine Gebärende, die neben mir ihr Kind zur Welt bringen mußte, schrie auf...«
Szenenwechsel: 35 Jahre später am Rande einer brasilianischen Großstadt. Schwester Carmen wohnt hier inmitten von Tausenden von Flüchtlingen aus dem Norden Brasiliens. Sie alle hoffen, in São Paulo, dem größten Industriezentrum Südamerikas, eine bleibende Stadt zu finden. Die Armut ist unvorstellbar. Sie wohnen in Erdlöchern, Häusern und Hütten aus Wellblech, Abfallholz und Kistenbrettern. Es gibt nur wenige Wasserstellen, keine Elektrizität und keine sanitären Einrichtungen. Auf meine Frage nach den Hauptproblemen in dieser Umgebung erhalte ich die Antwort: »Hunger und Sprachlosigkeit!« – Ja, lehnen sich denn die Leute nicht dagegen auf? Lächelnd, fast ein wenig mitleidig, antwortet die Schwester: »Die haben dazu keine Kraft mehr. Sie leben ja nicht. Sie überleben von einem Tag zum andern.« – Jetzt verstand ich auch die Sprachlosigkeit als Ausdruck einer tiefen Resignation. Sie mißtrauen dem Staat, der Kirche, ja, allen Ordnungen, die nach Autorität aussehen.
Schwester Carmen fährt dann fort: »Hat man sie erst zum Sprechen gebracht, dann ist der Bann gebrochen. Dazu gehört, daß man mit ihnen zusammenlebt. Von außen kann man nicht helfen. Es sind die täglichen kleinen Hilfen, die Vertrauen schaffen. Wer hungert, bekommt Brot und auch etwas Arbeit. Wir wollen doch die Würde dieser Menschen nicht vernichten, indem wir sie zu Bettlern machen. Wir verschweigen nicht, was uns hergeführt hat, und sagen ihnen, daß Gott auch mit ihnen etwas vorhat.

Wie könnten wir nur rein äußerlich helfen und darüber die Hauptsache vergessen! Vereinfacht könnte man sagen: Wir bauen zusammen mit ihnen Häuser und erzählen ihnen von Gott.«
Am Schluß unseres Gesprächs und so ganz nebenbei erwähnt die Schwester, daß sich ihre Familie von ihr abgewendet hat. »Wer wohnt schon in einer Favela? Doch nur die schlechten Leute!« – »So lasset uns nun hinausgehen aus dem Lager und seine Schmach tragen.« – Gibt es wirklich keine Wunder mehr heute? Ist es nicht ein Wunder, wenn man plötzlich einen Menschen trifft, der sich an der Person Jesu orientiert?
Wir erleben heute die größte Völkerwanderung aller Zeiten. Sind wir betroffen davon? Der Prophet Zephanja sagt: »Ich will aufschrecken die Leute, die doch so sicher sind und sprechen in ihrem Herzen: Der Herr wird weder Gutes noch Böses tun.« (Zeph. 1, 12)
Der Herr wird weder Gutes noch Böses tun. Wer so spricht, übersieht, daß der Menschheit noch nie ein solcher Blick in die Zusammenhänge zwischen Schuld und Schicksal geschenkt wurde wie heute. Was kann man tun? Schwester Carmen hat uns einen Hinweis gegeben. Die Not der »bleibenden Stadt« mitzutragen und den Hinweis auf die zukünftige darüber nicht zu vergessen.

49.
Welches Heil?

Es ist in keinem andern Heil, ist auch kein anderer Name unter den Menschen gegeben, darin wir sollen gerettet werden. *Apostelgeschichte 4, 12*

Der Apostel Petrus nimmt die Krankenheilung im Namen Jesu zum Anlaß, um in einer geisterfüllten Rede vor »Staat und Kirche« auf den hinzuweisen, von dem alles Heil und Wohl der Menschen kommt. Es gab einmal eine Zeit in unserer deutschen Geschichte, da wurde das Wort »Heil« mit einem anderen Namen in Verbindung gebracht. Daraus ist unermeßliches Unheil entstanden. Die politischen Heilserwartungen sind uns Deutschen inzwischen gründlich ausgetrieben worden. An ihre Stelle ist weltweit der Glaube an die Machbarkeit aller Dinge und der Fetisch des Wirtschaftswachstums getreten. In seinem Hang nach Macht und der damit verbundenen Anbetung der Technik hat der Mensch ein Wirtschaftssystem errichtet, das die Natur vergewaltigt und die Menschen zu Sklaven des Fortschritts macht. Unter Entwicklung wird heute weithin nicht mehr Lebensqualität, also Gerechtigkeit, Freiheit, Liebe, Erbarmen und Solidarität verstanden, sondern mehr Wirtschaftswachstum und ein »höherer« Lebensstandard. Dieses unqualifizierte Wachstum geht auf Kosten unersetzlicher Werte wie Wasser, Luft, Erde und der Existenz vieler Lebewesen. Letztlich geht es auf Kosten der Schwachen unter Mensch und Tier. Leiden nicht heute schon unsere Kinder, eine ratlose Jugend, samt den noch Ungeborenen darunter? In seiner ersten Leidensankündigung sagt Jesus: »Wer sein Leben erhalten will, der wird's verlieren; wer aber sein Leben verliert um meinetwillen, der wird's finden. Was hülfe es dem Menschen, so er die ganze Welt gewönne und nähme doch Schaden an seiner Seele?«

Ich führte vor mehreren Jahren einmal ein Gespräch mit einen Neuguineer. Er berichtete mir von dem dort im Schwange befindlichen sogenannten Güterkult, dem viele seiner Stammesgenossen zum Opfer gefallen seien. Sie glauben, durch die strenge Befolgung selbst auferlegter Regeln – und nicht zuletzt auch christlicher Gebote – den großen Gott dazu bewegen zu können, ihnen auf mühelose Weise zu Reichtum und Wohlstand zu verhelfen. Der Neuguineer sagte dann wörtlich: »Unsere alte Welt, in der sie noch leben, war immer voll von Wundern. Warum sollte Gott nicht auch Geld auf wunderbare Weise vermehren, so wie sich Kartoffeln vermehren, wenn sie in die Erde gesteckt werden? – Wir müssen ihnen zeigen, daß Gott nicht ein großer Zauberer ist. Diese Arbeit könnt ihr uns nicht abnehmen, denn alles, was ihr Weißen tut, hat in den Augen der Braunen einen zauberhaften Glanz. Ja, den Güterkult müssen wir selbst bekämpfen. Doch gegen den neuen Geldkult, den ihr uns gebracht habt, sind wir machtlos.« Auf meine Frage, was er damit meine, antwortete er sehr gelassen: »Nun, ihr Weißen benehmt euch doch, als ob Gott nicht existierte und für den Menschen alles machbar wäre. Wir erwarten zuviel von unserem Gott

und ihr zu wenig. Ist das nicht auch ein Kult?«
Es gibt ein Wort aus der Bergpredigt, dem anscheinend dasselbe Schicksal zuteil wird wie vielen anderen Wahrheiten, die uns von Jesus überliefert sind. Sie werden als wirklichkeitsfremd und so nicht durchführbar bezeichnet. »Setzt euch für die Herrschaft Gottes ein und für die Gerechtigkeit, die er will. Das übrige wird euch zufallen.« Dieses Rezept aus der Bergpredigt will uns sagen: Setzt euch für die Ordnungen, das Recht Gottes und das uns verordnete menschliche Maß ein, das übrige kommt von selbst. Tut ihr es nicht, dann werden euch auch die materiellen Dinge aus der Hand genommen. Jeder Mensch bekommt das, wonach er trachtet. Wer nach Macht trachtet, bekommt sie im Übermaß, so daß sie ihm zum Fluch wird, wie wir aus der jüngsten deutschen Geschichte nur zu gut wissen. Wer nach persönlicher Freiheit trachtet, einer Freiheit, die das Recht des anderen verletzt, landet in einer der vielfältigen Formen des Terrorismus. Wer nach mehr trachtet, als ihm zusteht, dem wird es »stinkend« (2. Mose 16, 20). Gott läßt den Menschen ihre Freiheit. Sie landen genau dort, wohin sie trachten. Ich habe die Stimme aus unserer jüngsten Vergangenheit noch im Ohr: »Wir helfen uns schon selbst. Alles, was wir wollen, ist, daß der Allmächtige uns nicht in den Arm fällt.« Er ist uns nicht in den Arm gefallen. Leider.
Überall fragen die Menschen, die guten Willens sind: »Was kann ich denn nur tun?« Sicher nicht die Hände in den Schoß legen und auf Gottes rettende Hand warten. Das hieße, ins andere Extrem zu verfallen. Die Antwort ist sehr einfach: Tu das Nächst-

liegende. Im vorhergehenden Teil unseres Schriftabschnittes wird erzählt, wie Petrus den gelähmten Mann an der Hand genommen und im Namen Jesu Christi aufgerichtet hat. Die Zuschauer staunten, und Petrus sagte: »Was starrt ihr uns an, als ob wir durch unsere eigene Kraft oder Frömmigkeit erreicht hätten, daß dieser gehen kann?« Er weist auf den hin, der ihm den Auftrag erteilt und die Kraft gegeben hat, den Lahmen aufzurichten.
Wer das Nächstliegende tun will, muß zuerst das eigene Haus in Ordnung bringen. Nicht mehr Wissen, mehr Technik oder gar mehr Macht werden die Welt verändern, sondern ein wenig Rücksicht und Verzicht und ein etwas einfacheres Leben, damit andere überhaupt leben können. Christen haben zu allen Zeiten dann ihren Auftrag erfüllt, wenn sie ihr Heil bei dem gesucht haben, der gesagt hat: »Ohne mich könnt ihr nichts tun.« Wer mit diesem Wort seine Geschäfte wahrnimmt, der wird frei von falschen Heilserwartungen.

50.
Im Gespräch mit dem Herrn

Dein Reich komme! *Matthäus 6, 10*

In deinem Gebet hast du, unser Herr Jesus, uns diese Bitte in den Mund gelegt. Täglich beten wir sie. Oft geht sie gedankenlos über unsere Lippen. Oft kann man den Eindruck gewinnen, daß es uns damit nicht ernst ist. Wenn es uns gut geht, dann fühlen wir uns in dem Reich, das wir uns geschaffen haben, recht wohl. Nur manchmal, wenn uns die Angst anfällt oder wenn wir schreckliche Berichte und Bilder im Fernsehen oder in der Presse vor Augen geführt bekommen, rufen wir nach einem Reich, in dem alles besser ist. »Wann kommst du, Herr, um dein Reich aufzurichten? Wir sind doch Christen, die auf dich hoffen!« Haben wir nicht ein Anrecht auf Friede, Freiheit, Sättigung und Gerechtigkeit? Unsere Bitte hat dann einen Unterton von Auflehnung.
Warum läßt Gott, der allmächtige, allwissende und liebende Vater, all das Leid zu, das die Welt heute durchlebt? Warum Stalin und seine Opfer? Warum Hitler, Auschwitz, Chile, Südafrika, der Mittlere Osten, Kambodscha? Warum Amin von Uganda und Khomeini in Teheran? Warum werden heute mehr Menschen verschleppt, vertrieben, gefoltert und ermordet, mehr Waffen geschmiedet als zu irgendeiner Zeit in der Menschheitsgeschichte?
»Lieber Herr Jesus, wir sind am Ende mit unserer Weisheit.« Nicht nur zerstritten sind wir, wir leben

auch, als ob nach uns die Sintflut käme. Wir vergessen unsere Kinder und Enkel. Wir beuten unsere gute Mutter, die Erde, so aus, daß für unsere Nachkommen nichts mehr übrig bleibt als Müllhalden. Wir verschwenden Wasser, Bäume, Kohle und Öl und vergiften die Luft, die Flüsse, das Meer und die Erde. Wir denken nicht an die Fische, die an Sauerstoffmangel zugrundegehen, die Möven und Seevögel, die in Ölteppichen ersticken, und die Schmetterlinge, Vögel und Tiere des Waldes, deren Lebensraum immer kleiner wird. Wir bedecken die Erde mit viel Beton und vergiften sie durch Chemikalien, so daß Gras, Kräuter und Blumen nicht wachsen können. Nicht nur wir, sondern alle Geschöpfe seufzen miteinander und liegen in Schmerzen, deine ganze Schöpfung wartet auf Befreiung. Manchmal, wenn uns das Fernsehen Zeit läßt, denken wir darüber nach. Wir fassen dann gute Vorsätze, schließen uns Bürger-Initiativen an oder geben Geld für die Armen. Wir treten dann für eine bessere Welt ein, obwohl wir nicht ernsthaft daran glauben. »Lieber Herr Jesus, was können wir tun? Wann kommst du, um dein Reich aufzurichten?«
Ich höre die Stimme, die zu Nikodemus geredet hat. Sie sagte: »Es sei denn, daß jemand von neuem geboren werde, so kann er das Reich Gottes nicht sehen.« Wenn ich recht verstehe, dann will Jesus damit sagen: »Fang bei dir an!« – Das hieße dann: Wie kannst du die Welt verändern, ohne dich selbst zu ändern? Kehre du zuerst um, bevor du dich um die anderen kümmerst! Wenn du alle deine Habe den Armen gäbest und deinen Leib brennen ließest und hättest der Liebe nicht, dann wärest du nichts. Nicht

die Mächtigen werden die Lösung finden, sondern die Liebenden. Nicht die Reichen können den Armen helfen, sondern die Armen helfen den Ärmsten. Die ohne Recht sind, helfen den Rechtlosen, die Trauernden denen, die Leid tragen.
Lieber Mensch, so höre ich die Antwort, das ist das einzige Rezept, das ich dir anbieten kann. Ich sage dir, mein Reich kommt allen Gewalten zum Trotz. Den Anfang aber mußt du machen. Auf dich baue ich. Du bist wichtig für meine Welt, aber nur dann, wenn du die Blickverbindung zu mir nie aufgibst.

51.
Über den Horizont hinaus

Wir wollen euch aber, liebe Brüder, nicht im Ungewissen lassen über die, die entschlafen sind, damit ihr nicht traurig seid wie die anderen, die keine Hoffnung haben. Denn wenn wir glauben, daß Jesus gestorben und auferstanden ist, so wird Gott ebenso auch die Entschlafenen durch Jesus mit ihm zum Leben führen. *1. Thessalonicher 4, 13–14*

Alljährlich begehen wir den Volkstrauertag. In den Ansprachen, die wir zu hören bekommen, wird viel über die Sinnlosigkeit des Todes der rund 70 Millionen Opfer beider Weltkriege gesprochen. Mancher Redner wird den Sinn dieses Opfers nur in einer zukünftigen besseren Welt von Friede und Gerechtigkeit sehen. Wer hofft nicht darauf?
Der Apostel Paulus geht darüber hinaus: Ihr sollt nicht traurig sein wie die anderen, die keine Hoffnung haben! Die Hoffnung auf eine bessere Welt, in der Friede und Gerechtigkeit herrschen, ist für ihn eine begrenzte Hoffnung, eine Hoffnung auf Zeit. Er hält dagegen: »Wenn ihr an die Auferstehung Jesu glaubt, dann hat eure Hoffnung einen Grund, der über euren Horizont hinausgeht, und ihr braucht nicht traurig zu sein wie die anderen, die keine Hoffnung haben.« Eine Geschichte aus der Rheinischen Mission illustriert das:
Missionar Albert Hoffmann, der am Anfang unseres Jahrhunderts in Neuguinea arbeitete und sich bemühte, biblische Geschichten in die Stammesspra-

che zu übersetzen, fand kein Wort für den Begriff »Hoffnung«. Der Tod hielt damals unter den Missionaren reiche Ernte. Auch bei der Familie Hoffmann schlug er zu. Eines ihrer Kinder starb. Nach dem Tode war der Vater am nächsten Morgen dabei, einen kleinen Kindersarg zu zimmern. Ein alter Mann stand daneben und sah ihm bei diesem traurigen Geschäft zu. Nach einer Weile sagte er: »Nun geht ihr wohl nach Hause?« Hoffmann antwortete darauf: »Nein, wir bleiben!« Nachdenklich sagte der Alte nach einer Weile: »Ihr Christen seid anders; ihr seht über den Horizont hinaus.«
Über den Horizont hinaussehen! Nun hatte Hoffmann sein Wort für Hoffnung gefunden. Albert Hoffmann hat nicht aufgehört, am Sarg seines Kindes weiter zu zimmern. Befähigt, über den Horizont hinaus zu sehen, bedeutet ja nicht, daß Leid und Schmerz des Alltags oder gar der Tod von mir genommen wird. Es bedeutet aber, daß ich nicht im Vorraum des Wissens bleiben muß. Ich weiß, dem Tod ist endgültig die Macht genommen, er ist für mich zum »Bruder des Schlafes« geworden. Nun hat er nur noch ein begrenztes Recht.
»Nicht traurig wie die anderen, die keine Hoffnung haben«, bedeutet für uns, daß wir in Gelassenheit und Vertrauen jeden Tag die Aufgaben und Geschäfte, die auf uns zukommen, wahrnehmen, ihnen aber keinen Ewigkeitswert beimessen; denn wir haben eine Rücklage, die niemand von uns nehmen kann. Darum können wir singen: »Trotz dem alten Drachen, trotz dem Todesrachen, trotz der Furcht dazu! Gottes Macht hält mich in acht.«

52.
Wie sieht die Ewigkeit aus?

Danach sah ich, und siehe, eine große Schar, die niemand zählen konnte, aus allen Nationen, Stämmen, Völkern und Sprachen, die standen vor dem Thron und vor dem Lamm, mit weißen Gewändern bekleidet und mit Palmzweigen in den Händen, und riefen mit lauter Stimme: Die Rettung kommt von dem, der auf dem Thron sitzt, unserm Gott und dem Lamm. Und alle Engel standen im Kreis um den Thron und um die Ältesten und um die vier Gestalten und warfen sich vor dem Thron nieder und beteten Gott an: Amen, Lob und Ehre, Weisheit und Dank, Preis, Kraft und Stärke sei unserm Gott von Ewigkeit zu Ewigkeit! Amen. Offenbarung 7, 9–12

Es sind fremde und ungewohnte Bilder, die der Seher Johannes uns vor Augen stellt. Wem könnte es auch anders gelingen, die Ewigkeit zu beschreiben, es sei denn, er bediene sich zeitgenössischer Bilder. Martin Luther sagt dazu: »Wir armen Menschen müssen nun einmal in den fünf Sinnen leben und alles neben den Worten in Zeichen fassen, weil wir nichts ohne Bild verstehn noch denken können.« Der Apostel Paulus berichtet einmal von einer unaussprechlichen Erfahrung mit den Worten: Ich kenne einen Menschen in Christus, ist er im Leibe gewesen, ich weiß es nicht; oder ist er außer dem Leibe gewesen, ich weiß es auch nicht; Gott weiß es – da wurde er entrückt bis in den dritten Himmel und hörte unaussprechliche Worte, die kein

Mensch sagen kann. (Aus 2. Kor. 12) Damit gibt uns der große Missionar Paulus, dem es nie an Worten gefehlt hat, einen kleinen Hinweis, wie schwer es ist, die Ewigkeit zu beschreiben. Undenkbar für uns, daß unseren Vorfahren etwa, die im 16. Jahrhundert lebten, die Kernspaltung oder die Explosion einer Atombombe hätten erklären können. Um wieviel größer aber ist der Abstand zwischen einer neuen Wirklichkeit, die Johannes zu vermitteln versucht, und unserem Denken!
Der Mensch, geschaffen nach dem Bilde Gottes, ist ausgestattet mit einem Urwissen von seiner Unsterblichkeit. Es gibt keine Religion, die nicht, wenn auch manchmal verschüttet, etwas weiß von einem Schöpfergott und von Unsterblichkeit. Auch die Gottesleugner, »die keine Hoffnung haben« auf ein Fortleben nach dem Tode, ahnen etwas davon, fürchten sich davor und verdrängen es deshalb. Die außerchristlichen Religionen bedienen sich der verschiedenartigsten Bilder und Begriffe, um dieses Fortleben nach dem Tode zu beschreiben.
Der Muslim spricht vom Himmel: »Auf geflochtenen Kissen sich stützend, sitzen die Verstorbenen einander gegenüber. Es bedienen sie ewig junge Knaben, die aus Krügen, Kannen und Bechern sie laben, auch die großäugigen Huris als Lohn für Sterben und Sorgen.«
Der Hindu erstrebt Reinheit, um nicht ruhelos nach dem Tode umherzuirren und seinen Hunger durch die Totenopfer seiner Angehörigen stillen zu müssen. Er will sich selbst erlösen, um nicht als Tier in ein noch ärmeres Erdenleben zurückkehren zu müssen.

Für den Animisten gilt Blutrache als religiöse Pflicht. Dadurch soll die Seele des Verstorbenen besänftigt und vor ewiger Ruhelosigkeit bewahrt werden. Afrikaner, die mir anläßlich eines Besuches einen wertvollen Häuptlingsstab mit Fliegenwedel schenkten, gaben dazu folgende Erklärung ab: Jeder Häuptling pflegte früher einen Diener zu haben, der einen solchen Stab hinter ihm hertrug. Beim Tode des Häuptlings wurde der Diener lebendig mitbegraben, damit er auch im Totenreich seinem Herrn den Stab nachtragen konnte.

Dem allen gegenüber steht die Ewigkeitshoffnung der Christen. »Wenn ich einmal vor Gott hintreten muß und er mich fragt: ›Johann, wie kommst du hierher?‹, darf ich ihm antworten: ›Der, der neben mir steht, mein Herr Jesus Christus, hat mich über den Fluß gebracht. Auf ihn setze ich mein Vertrauen, denn er hat mich gerecht gemacht durch sein Blut.‹

»Ich bin nicht allein. Aus allen Nationen und aus großer Bedrängnis sind sie gekommen und haben ihre Kleider gewaschen im Blut des Lammes. Aller Streit, alle Schwachheit, Krankheit, Verletzung ihrer Würde als Gottes Ebenbild ist nun von ihnen genommen. Ewigkeit heißt für sie, bei Gott sein alle Zeit. Das Lamm wird sie weiden, und Gott wird abwischen alle Tränen von ihren Augen, und sie werden erfahren: Wer mir die Tränen abwischt, ist mir nahe.

Register der Bibelstellen

Die großgedruckte Zahl bezeichnet die Nummer einer Andacht über den jeweiligen Text. Die kleineren, schräggedruckten Zahlen bezeichnen Seiten, auf denen die jeweilige Bibelstelle genannt wird.

Im Horizont der Welt beten

Lindolfo Weingärtner: Netz der Hoffnung
Geistliche Gedichte und Betrachtungen, hervorgegangen aus alltäglichen »Gleichnissen« oder aus biblischen Gedanken, schrieb der 1923 in Südbrasilien geborene Geistliche nieder. Er schlägt eine Brücke zwischen zwei Kontinenten, zwei Kulturen, zwei Kirchen. Erlanger Taschenbücher Band 55   96 Seiten

Subir Biswas: Herr, lehre mich teilen
30 Gebete vom Krankenbett: Ihr Autor war lange Jahre in Kalkutta Leiter des Flüchtlingsdienstes, Prediger an der St.-Pauls-Kathedrale und zeitweise Vorsitzender des Nationalen Kirchenrates in Indien. In schweren Krankheitswochen vor dem frühen Tod des geisterfüllten Predigers wurden ein Brief, ein Besuch, eine Blume, ein Blick zu Anstößen für Meditation und Gebet, hilfreich auch für uns. Erlanger Taschenbücher Band 59   64 Seiten

Beten in unserer Zeit
In einem Schuber sind hier vier gleichstarke Taschenbücher mit Gebeten und Meditationen von drei indischen Christen vereint, die auch einzeln lieferbar sind: (je 80 Seiten)
Johnson Gnanabaranam: Heute, mein Jesus
Erlanger Taschenbücher Band 3
M. A. Thomas: Fülle mein Herz
Erlanger Taschenbücher Band 34
M. A. Thomas: Weise den Weg – Missionarische Gebete
Erlanger Taschenbücher Band 36
M. J. Joseph: Geben und empfangen
Erlanger Taschenbücher Band 48
Vielfältig sind die Anstöße zum Nach-Denken und Nach-Beten für unsere indischen Glaubensbrüder: eine Tasse Kaffee, das Kopfkissen, die Verkehrsampel. Gebet und Besinnung wachsen aus dem Alltag, und wir lernen »Beten in unserer Zeit«.

Auf die Brüder hören

Won Yong Ji: Meines Bruders Hüter
Hoffnung der Welt – Möglichkeit des Überlebens, so schreibt der koreanische Theologe, der zehn Jahre in Genf und in Bayern tätig war, ehe er als Professor in die USA berufen wurde, über seine Beiträge. Es sind kurze Besinnungen, Predigten, Vorträge, Gesprächsbeiträge. Sie kreisen um das Thema: Was können wir Christen verschiedener Kontinente voneinander lernen?
Erlanger Taschenbücher Band 52   160 Seiten

James A. Sarpei: Nima – im Abseits von Accra
Edoh Kojo kommt aus dem Hinterland in die Hauptstadt Ghanas, voller Hoffnungen auf die »große Welt«. Aber die Hoffnungen zerschlagen sich; seine Briefe heim ins Dorf werden von Monat zu Monat trauriger; er stirbt im Elend. Inzwischen aber haben sich christliche Studenten aufgemacht, Hoffnung in die Elendsviertel zu bringen: ein Dokument.
Erlanger Taschenbücher Band 41   68 Seiten

Johannes Launhardt: Uns erschrecken die Trommeln nicht mehr
Am Stadtrand von Addis Abeba in Äthiopien entsteht eine Gemeinde. Ihre Anfangsprobleme, ihre Wachstums-Schwierigkeiten, ihr Leiden in der Verfolgungszeit: Das alles berichtet Missionar Launhardt aus eigener Erfahrung und nach Schilderungen äthiopischer Christen. Das Buch wirkt wie ein Stück »Fortschreibung« der Apostelgeschichte. Erlanger Taschenbücher Band 61   215 Seiten (Großdruck)

Mechthild Clauss: Der große Stuhl macht noch keinen König
Ein fröhliches Buch haben Kameruner Kinder im Deutschunterricht geschrieben: Sie erzählen Fabeln, berichten von Gesprächen mit Großeltern und Eltern, schildern ihre Erwartungen und Pläne. Ihre Deutschlehrerin hat die Sammlung herausgegeben, die wie ein großer Brief und Brückenschlag von Afrika nach Deutschland wirkt. Erlanger Taschenbücher Band 20   190 Seiten

VERLAG DER EV.-LUTH. MISSION ERLANGEN

Weitere Schriften von Wilhelm Fugmann:

Und ob ich schon wanderte im finstern Tal...

Vom Leben und Sterben zweier Zeugen Jesu Christi. 80 S. mit 8 Fotos. Kart. 6,– DM – Der Verfasser erzählt aus dem Leben zweier Christen, die während des Zweiten Weltkrieges in Papua-Neuguinea ihres Glaubens wegen von japanischen Soldaten ermordet wurden: Zuerst erzählt er von dem deutschen Missionar Adolf Wagner, der sich von den Australiern nicht internieren ließ, sondern weiterhin die Gemeinden betreute; sodann von dem Evangelisten Yot Begbeg, dem das Beten zu dem »amerikanischen« Gott verboten wurde, der aber das Verbot nicht beachtete, eingesperrt und monatelang gefoltert wurde.

Miti-Väter erzählen aus ihrem Leben

64 S. geheftet. 4,– DM – Zwei betagte Kirchenführer aus Papua-Neuguinea kommen hier zu Wort. Beide verbrachten ihre Kindheit noch in steinzeitähnlichen Verhältnissen und erlebten in den dann folgenden Jahrzehnten das immer stärkere Vordringen der Zivilisation mit ihren Licht- und Schattenseiten.

Von Gott erzählen

88 S. Kart. 5,– DM – Das Leben Christian Keyßers, ergänzt durch den Beitrag »Theologische Leitspuren im Lebenswerk Christian Keyßers« von Herwig Wagner.

Mambu Jeremiah

Ein Kirchenführer aus Papua-Neuguinea. 56 S. geheftet. 3,– DM – Als Küchenjunge, Goldgräber, Offiziersbursche und Kaufmann war der junge Mambu tätig, bis er sich vom Evangelium zum Dienst als Evangelist und Pfarrer rufen ließ. 1972 wurde er zum ersten Distriktbischof der Ev.-luth. Kirche in Papua-Neuguinea gewählt.

FREIMUND-VERLAG · NEUENDETTELSAU